黑龙江（国家级）现代农业示范区 · 概念性规划设计

规道

吕维锋

GUI DAO

规划设计探索与实践

ON THE WAY

НА ПУТИ

吕维锋 著

同济大学出版社
TONGJI UNIVERSITY PRESS

陕西省咸阳市礼泉县滨湖新区 · 概念性规划设计

陕西省咸阳市礼泉县核心区城市更新 · 城市设计

内容 提要

"互联网 +"概念的春风扑面为城市规划书写着时代的感叹号，BIM 科技在工程设计领域润物无声，在提升规划技术内涵的同时，带来了超然的思维刷屏和方法刷新，并把城市规划引领到全程规划管理的崭新高度。作者行道于从完美企业职业经理人到塑造精彩设计职业建筑师的人生转型之路，问道于从建筑单体设计到区域空间规划的系列构成之域，所著述的这本展现当代中国建筑师规划设计作品的书卷，集合了概念性规划、详细规划和城市设计等不同阶段的规划成果，类别多样，理念创新，内容详实，视野独特。书中具有地域特色的前瞻性规划设计，聚建筑师之研精究微，纳规划师之深谋远虑，承考工记之专精覃思，展新世纪之高头讲章，引领着受众步入博大精深的规划设计领域，体验建筑师的挥洒才智和分享规划师的泼洒豪情。

本书汇录了作者 8 年来的 22 项规划设计作品，按项目设计的时间先后顺序由近至远排序，无论是文字描述还是图纸表达都堪称通俗易懂，言简意赅，具有较强的阅读性和视颜值。所有规划实例去繁就简，文图并茂，一字为道，中英双注，在内容上博通经籍，在结构上丰肌秀骨，在编排上从土地原貌的现状起始，到规划效果的愿景为终，既有定位战略，又有构思演绎；既有意境释义，又有规划全貌，多元化地展现了作者对人居空间的思考定力和设计诠释。这本具有规划技术感和设计艺术性的作品集为城市规划学科的发展提供了创新的规划思想和丰富的案例实践，为从市民百姓到规划从业者等不同的受众开启了一扇透视城市规划精髓的规道之窗，能够为包括城市管理者、开发商、投资商、建筑师、工程技术人员、大专院校师生乃至市民百姓等在内的各类读者群了解规划设计内容、拓展规划知识视野、关注城市规划实施和参与城市发展进程提供帮助和辅佐。

黑龙江省哈尔滨市道外区三马地区滨水空间 · 控制性详细规划和城市设计

自序

引言

大地给予我们一盈广袤的宇宙空间，让生命得以繁衍生息，让万物得以补益滋养；大地给予我们一卷生动的立体场景，让自然得以生机勃发，让人类得以生活安居；大地同样给予我们一幅色彩斑斓的彩纸，让规划师得以泼洒豪情，让建筑师得以挥洒才智。从遮风避雨远古的穴居取火，到男耕女织农作的阡陌交通；从道法自然建筑的户牖为室，到九经九纬规划的匠人营国；从左祖右社布局的面朝后市，到高楼万丈聚合的都邑城市，人类对生存空间的探究始终在力学不倦和一往无前，未曾停息须臾，并因此铸就着璀璨的人间万象。

同谓之玄

有了人类，自然界才有了自然的属性。人作用于自然，给自然镌刻上人居的印痕；自然反过来作用于人，改变着人的意识和状态。人在同自然的相互作用中逐步认识着自然，同时也逐渐完善着自我，并不断走向人类同自然的更高统一。自然空间和人居空间应该是一方和谐的世界，自然孕育着人类，自然因为文明的存在才称其为自然，另一方面，人居改变着自然，只有适宜的环境才是理想的人居。自然意味着圣洁和真纯，有了人类的文明才称其为神妙；人居意味着生存和发展，有了自然的友好才称其为和美。自然和人居就是这样一对相互依存的双胞胎，你中有我，我中有你，在协调中相倚共生，在发展中相拥共存，并进而在矛盾中找寻平衡，在冲突中寻找答案。我们一方面敬仰青山绿水的自然原貌，另一方面又必须从自然中获得空间并使之更加生态和谐，规山划水，论天道地，这就需要用智慧的设计去规划自然和人居的空间序列。

“故常无欲，以观其妙；常有欲，以观其徼。此两者，同出而异名，同谓之玄。”老子在《道德经》中向我们展现了两种观察世界的太极境界，即“无欲”之观和“有欲”之观，并以“妙”和“徼”来总结这两种观的结果和趋势，同时阐述了保持这两种观察的平衡和转换具有重要的社会价值和人文意义。从规划设计层面上去解读，“无欲”告诉我们要保持原始的天然状态，珍视我们赖以生存的自然环境；而“有欲”则告诫我们要正确对待自然，在改变自然中要合理地再生自然。“无欲”的保持和“有欲”的改变两者应该保持相对的协调关联，互为前提，互为转化，互为因果，互为平衡，这才是世间最为精妙的“道”。只有“无欲”没有“有欲”便会缺失人类社会的物质文明，仅存“有欲”而丧失“无欲”则会颠覆环境的自然法则。自然空间和人居空间尽管称谓有别，但是世间真道应该是同出一辙、同文共轨、同气连枝和同谓之玄。正是惟有“无欲”才能够体悟自然之常真，更有“有欲”方能感知人居之端倪。

当老子在2 500多年前以充满睿智的《道德经》为我们描绘万物氤氲的时候，他是否已经预料到，时间的流逝留给我们的沧海桑田是何等的一幅图景呢！人居的城乡田园，仿佛是一场横亘古今的地理考古，聚沙成金，年经国纬，孕育着人类的筑梦和规道，出落成其妙其徼的人间容颜。俯瞰寰宇下的地球，我们时而被鳞次栉比的摩天大楼所震撼，可谓“荡胸生层云，决眦入归鸟”；时而我们又为密集堆砌的陋棚简屋所感伤，可叹“床头屋漏无干处，雨脚如麻未断绝”。大地自己的这座博物馆，铭刻着昔来，实录着当下，更展陈着将要。无论是规划师还是建筑师，他们的职业使命始终应该是围绕着自然空间和人居空间而上下求索，规有欲人居之写真，道无欲自然之全真。

三生万物

带着对自然和人居的思考命题我走过了同济大学的20世纪80年代，文远楼的情怀为我们学子的心灵涂上了设计的彩釉，上有天，下有地，满溢的创作理想就在这充实的圣殿中间。当年同济大学建筑系围绕着人居空间属性设置了城市规划、建筑学和园林绿化（后更名为风景园林）专业，这三个专业无缝衔接又延展叠加般涵盖了对自然和人居空间探索的全部主题。城市规划专业研究城乡空间的布局和结构，以不同深度的规划内容塑造城乡的未来面貌；建筑学专业钻究的是划定空间单元的建筑功能和形态，以建筑设计三步曲——方案设计、扩大初步设计和施工图设计铸造即将屹立的建筑艺术；风景园林专业考究场地空间的景观绿化和环境艺术，以创建人居美好为目标再造自然空间的生态韵味。好一幅“三生万物”的专业彩绸，飘舞般簇拥着大地，炫动之处一派人居和自然的和谐画卷。

城市规划、建筑学和风景园林三个专业原理相通，属性兼共，都需要创意的灵性和设计的率真。大学中三个专业前两年的基础课程都相同，许多大课都在阶梯教室集中进行授课，这也是毕业之后同学们能在三个领域都互有建树的原因。当年我们一届的这三个专业为同一个辅导员所管理，教室比邻，宿舍隔壁，同学之间相互熟知，许多活动都共同参与，专业上更是互通有无，相互借鉴。文远楼中簇拥着一颗颗憧憬的心，勃发着激情，采撷着光芒，炫亮它或被它滋养。博规划之宏，构建筑之雍，缔景观之纯，三个专业的融会贯通绘就着人居空间的教育基底。

惟道是从

从自然和人居关系的命题出发，以城乡土地和单元空间的价值为考量，空间设计的范畴涵盖着五个承上启下的专业领域：战略策划、城市规划、建筑设计、景观设计和室内设计。微到一囿空间，小到一围土地，中到一城都邑，大到一阔区域，广到一宇疆国，在建设开发过程中，首先需要赋予其内涵和语义，就像一篇文章表达一种思想，一段乐章演绎一曲感受，一张画作凝固一幅主题，一首诗歌描绘一丝情怀，这就需要项目的战略策划。战略策划是定位，也是谋计，还是构想，更是寻道，它的表现形式更多地是思想性的文字阐述。只有谋定空间红线苑囿内的韬略宏图，后续的规划蓝本才能够创造形态的之乎者也。其次，需要在主题定位的基础上演绎空间的范式和格局，这就进入了土地的规划设计阶段，尽管世界各国对规划设计的价值工程和阶段深度要求各不相同，但是规划设计的目的都近乎一致，那就是为一块土地谋局布篇。它的表达方式以形态图纸为主，文字导引为辅，文图兼具，道规兼容。规划设计也是战略策划的思想延续和形态深化，既落实战略策划的思维创意，也为后续的设计步骤提供条件和诠释。在“先为不可胜”的规划韬略下，后续程序的建筑设计、景观设计、室内设计甚至平面设计自然也就水到渠成般依次展开了。规划设计就是战略家的捭阖纵横，也是政治家的运筹帷幄，还是规划师的文韬武略，更是建筑师的方寸规道。

规划设计既是一项技术规范的落实，也是一种空间艺术的创造；不仅隶属于工程建设实践，更统筹着城乡社会的发展，它是在为人类活动拓展空间的过程中使一幅土地或一片空域资源的综合价值最大化。规划设计不单是要“能看、好看和耐看”，而且在其指导的城乡建设中还要“能用、好用和耐用”，不仅如此，在城市的经营和管理中更加需要“活用、巧用和妙用”，而绝不能“乱用，瞎用甚至不用”，这也是《道德经》中“徼”字蕴含的思想哲理。规划设计首先应该是形态的“物质规划”，夫规者，形无之点线面，我们要从“空无”中去领悟和注解点线面乃至体的规划道理；其次，规划设计应该是内涵的“精神规划”，夫道者，立实之精气神，我们更要从“实有”中去观察和体会精气神的规划含义。然故，优秀的规划设计本色上应该具有好的规道，而好的规道就是要实现“物质规划”和“精神规划”的和谐统一。

天下有道

中国道家思想将道概括为形成宇宙万物的原始太易，以“道生一，一生二，二生三”这样大道至简般的哲学思想描绘物质的产生和演变，并形成了人们常说的“天之三宝日、月、星；地之三宝水、火、风；书之三宝气、骨、韵”这些耳闻能详的朴素惯语。同道家学说一脉相承的中医学理论则是以“人之三宝精、气、神”为信条，把精气神诠释为生命活动的肌理之本，并进而从医学意义上将精气神解读为：精力、气质和神智。我们将道家思想加以融释贯通，在城市规划学科中探究精气神的释义脉宗，用精气神阐述设计的质地和内涵，从而案脉规划设计的正愚明庸，评判规划设计品质的谦益满损。

“精”是构成规划基底并使其存在的物质基础，它充盈于一尊城市规划的点线面体，并通过构成元素彰显其价值内涵，具体润含于因地制宜、生态循序、精明增长和持续发展等诸多方面。规划之“精”源于先天规划选址的质地和后天规划设计及复兴更新的质量，前者缘起于自然空间，取天地之精华，得造化之神韵；后者形成于人居空间，囿设计之雅俗，受人为之左右。规划者从物质和精神的视角以确立的主题赋予一片地域空间，并以充满情感的创造欲望为之勾勒，以水谷精微铸就规划的众妙之门。主观的创作激情和客观的创意成果呈现出来的就是规划设计的“精”，这种“精”是规划者的精神和设计产出的精彩交相辉映的立体展现，是设计者主体意识和使用者客体感受融会贯通的双体统一，体现在城市规划通体所蕴含着的依法合规、疏密有致、张弛适度、开合循序和曲直遵理。或许它是独上高楼，望尽天涯路；或许它是衣宽不悔，为伊消得人憔悴；更或许它是众里寻度，在那灯火阑珊处，总而言之，规划之“精”一定是气顺神定的铺垫和承托。只有真正的精诚所至，才有必然的金石为开。

“气”是构成规划的定力并使其运转的功能动势，恰如人体的呼吸吐纳和津流濡润依赖于气的活化，规划设计的“气”则蕴含于格局的宏微厚薄和空间的松紧蓬衰，并维持着规划区域肌体的新陈代谢和引新吐故。它既可以理解为空间的气韵，也可以看做是总体的气势，更可以尊崇为设计的气质。空间组织中的物质、能量、势态和信息，只有通过气的循环往复才能滋养单元细胞元素的活性。精准运用城市规划技术规范，准确把握空间设计的形态语言，规划设计的气韵就能够通畅和敷布，如若不然则必定产生空间机制的气滞甚至是气郁。如道气盛则一定是规划的满盈顺通和格局圆融，如言气虚则多半是空间的瘀郁阻纳和形散意呆。人体的柔静运动是提升脏腑气机的功能机理，城市的持续更新则是完善规划气态的方法机制，规划之奥，负阴抱阳，揽气蓄养，如斯而已！

“神”是构成规划的精神并使其卓越的灵魂，体现出规划的魂魄、意志、智慧和表征，它是规划生命活动的最高统帅。规划设计的“神”首先反映在规划者的德行和操守，它是个体设计创作的神情、神志和神韵的浓缩，皓首穷经和才敏思捷的规划者必定能够设计出优秀的规划作品，如若缺乏规划探索的青灯黄卷，则注定形成流于平庸的千篇一律，可谓“德者得之神，人者得之法”。其次，规划成果的“神”是设计“精”和“气”汇聚的产物，它表现在设计主题定位的高远神明，格局组织设定的殚谋戮力。那是一种规划的技术和设计的艺术凝聚耦合的意念和感应，能够让生活在其中的人神融意泰并进而神思飞扬。规划之极，聚精纳气，神工鬼斧，出圣入神，乃出神入化也！

和谐的人居空间一定抒发着龙蟠凤翥的精气神，那就是通计熟筹的“精”，调神畅情的“气”，以及妙言要道的“神”。杰出的规划设计一定是精气神的三元充盈，进而三生万物，乃至三体通灵。一切规划活动都应该锤炼规划之精，使其聚气成炁；凝聚规划之气，使其入妙出神；铸造规划之神，使其由神还真，规划的本质就是聚合大地空域的正能量——精气神。

前后相随

规划设计启动于场地调研，缘起于定位思想，创意于手绘草图，形成于电脑制图，完成于图纸文本。在具有基本规划考量和想法的前提下，手绘规划草图是表达初步构思的滥觞。无论规划红线范围的大小阔窄，都需要把CAD地形图按比列缩放并打印出白图以备动笔。白图纸号的大小依据草图比例的需求而定，以神思探索为意，以设计经验为据，以表达深度为准，以草图效果为实。笔者的经验是以比例尺上所具有的刻度或10倍数乃至整倍数为准，这样有利于规划者对空间进行掌控。就像建筑设计需要有尺度感一样，规划设计同样需要那种灵虚的空间尺度感，得构图者得建筑，得空间者得规划，城市规划特别是城市设计入道与否全在于空间布局的定式和空间尺度的拿捏。

随着构思的逐步深入，草图的比例数值也会逐步缩小，也就是说图纸的比例在逐步放大，这是因为创意是一个由概括到细微的渐次推进过程，当一种比例不能满足表达深度时，用放大比例的手绘草图再修改上一轮所勾勒出的草图更能够去虚存实，去滞存畅。无数次的草图构思，就是无数次的方案调整，也就是无数次的推陈出新，更是无数次的智慧闪烁。以脑领手，以手带脑，手脑并用，寻绎遵道，这就是不断习近设计目标的草图真谛，仰望星空就是要发现那洞所要寻析的星际。

时代的大潮波澜起伏，激流澎湃，总是一浪助推着一浪向前发展，在其簇拥下的城市规划学科也在不断地丰富和完善着自身。大数据时代的裹挟使规划设计訇然进入了一个新艳的领域，基于形态美学和空间认知的传统感性设计思维正在或即将被更为系统和全息的设计模式所替代。“互联网＋”概念的春风扑面为城市规划书写着时代的感叹号，BIM科技在工程设计领域的润物无声，在提升规划技术内涵的同时，也带来了超然的思维刷屏和方法刷新，并把城市规划引领到全程规划管理的崭新高度。

城市规划从设计到实施再到管理是一个全项目生命周期的理念，按照项目管理学科中的工作分解结构（WBS）原理，这个全过程可以被分解为战略策划、概念性规划、详细规划、建设实施、城市管理、完善更新、再城市管理等不同阶段。尽管根据规划规模、功能和目的等的不同这些阶段的解构划分也可以有所不同，但全程规划或者更贴切地说全程土地生命周期项目管理的思想万变不离其宗，即围绕着自然空间向人居空间转变这个命题，体系化和全程性地考虑土地资源的综合价值。以往的城市规划更多关注的是全程规划管理的前面几个阶段，或者说是脱离了土地资源本身而单纯关注空间的“净”规划，进而忽略了资源要素之间前后相随的衍生逻辑、实施质量乃至管理品质，当然过去城市规划技术的局限性和阶段责任主体的多重性也为全程规划管理增加了难度系数。BIM时代的一雷惊蛰为人居空间的全程规划管理带来了可能，甚至成为必须。全程土地项目管理这个崭新的城市规划命题将催生我们城市规划教科书的更新改版，也将促进城市规划管理体系制度的创新发展。

2017年新春的脚步正在踏响规划设计的节拍，极目规道生！我们已经看到无人机航拍技术使得规划场地调研工作高屋建瓴，谷歌产品为地形地貌等规划所需信息提供了清晰可视的模型，虚拟现实（VR）技术的应用特别是增强现实（AR）技术的迅猛发展，助推着BIM科技为全程规划管理带来跨越式发展，例如各种城市管网的集中立体呈现为从设计到实施再到日常运营管理带来了技术的智能化和管理的便捷化。规划技术在层出不穷，规划空间在锦团花簇，规划功效在高歌猛进，规划实施在掷地有声，“规划图画，墙上挂挂”的局面必将荡然无存。

是谓道纪

行道于从完美企业职业经理人到塑造精彩设计职业建筑师的人生转型之路，问道于从建筑单体设计到区域空间规划的系列构成之域。这本展现着当代建筑师创作历程的书卷，博通经籍，内容详实，在理念上紧跟时代日新月异的发展步伐，在时效上紧贴规划设计的热点课题，在逻辑上紧扣读者追根寻源的心理探求，在表达上紧随规划技术的核心要求。

本书与国内外相关图书的相同之处是以规划设计实际案例为支撑，对规划设计的内容和特色进行阐释。不同之处在于其避免了国内出版的此类图书多为规划设计文本的节选，内容冗长，格式单一，多适合专业人士阅读而忽略了普通百姓对规划知识的了解和期盼；而国外以案例为主要内容的规划书籍则主要是以图纸为主，对案例背景和方案形成过程的描述不尽完善，使读者多看到设计外在带来的冲击感而不能很好地领略设计的构思内涵。

道既是我们芸芸众生在生命旅途中的所寻所觅，也是我们凡夫俗子在人生道路上的所求所得。在职业生涯的“道”路上，道是苍穹宇宙间的引力波，也是浩瀚海洋里的陀螺仪，更是遥远夜空中的启明星，还是无垠戈壁上的指南针。道，无踪无迹，无影无痕，但它实有地恰如指路明灯，牵领着行者披荆斩棘和勇往直前。在驻足停歇中回眸顾盼，倘若能在不求所得但求所往的征途中真切地顿悟出道之所在，那么重新起步后的风雨兼程必将丰神异彩。这是本集《规道》书名的缘起，也是本序章节题名引用《道德经》词句的缘由，更是回答朋友们对已经出版的《筑道——吕维锋论文集》和《绘道——吕维锋手绘施工图集》两书以“道”为系列主题含义追问的言明。On the way，永远在路上！

期冀这本作品集能够聚建筑师之研精究微，纳规划师之深谋远虑，承考工记之专精覃思，展新时代之高头讲章，通过学理丰赡的实例解读，奉献出一幅富厚的人居空间图景，引领读者步入博大精深的规划设计领域。

结语

这本以城市规划实例贯穿始终的书籍，汇录了作者 8 年来的 22 项规划设计作品，按项目设计的时间顺序由近至远地排序，主题突出，结构紧凑。书中的规划实践都是依据地域场地特点和社会发展的实际情况做出的具有前瞻性的规划设计，既有概念性规划，又有详细规划；既有总体规划，也有城市设计，皆具较好的阅读性和视颜值。全书无论是文字描述还是在图纸表达上都堪称通俗易懂，言简意赅，打破文本摘要式的排版布局，以文图并茂的编排和重点突出的表述为主要特色。在写作上不拘泥于传统的方案介绍手法，而是结合了各个规划项目本身的特点，采用一字为道的概括方法以中英文阐明各章节主题。在每个规划实例的内容组织上既有定位战略，又有构思演绎；既有诗韵意境，又有成果总览，皆从土地原貌的现状起始，到规划效果的愿景为终，去繁就简，逻辑缜密，推索开启一扇透视城市规划内涵的规道之窗。

本书通过不同类型规划设计项目的综合展示，力求体系化地勾勒出规划的全程项目思维，并多元性地展现规划者对人居空间的思考定力和设计诠释，具有严谨的规划技术性和生动的设计艺术性，能够为包括城市管理者、开发商、建筑师、艺术家、工程技术人员、大专院校师生乃至市民百姓等在内的各类读者群了解规划设计内容、拓展规划知识视野、关注城市规划实施和参与城市发展进程提供帮助和辅佐。

2017 年 2 月 5 日（农历正月初九）
于上海同济联合广场

陕西省咸阳市乾县凤凰山移民搬迁特色城镇 · 概念性规划设计

规道

吕维锋规划设计探索与实践

目 录

1 莫桑比克中国汽车工业园 · 概念性规划设计 /16
Concept Planning of Chinese Automobile Industry Park of Mozambique, Maputo, Mozambique, 2015

2 上海老港种源基地 · 概念性规划设计 /26
Concept Planning of Laogang Seeds Base, Shanghai, 2014

3 陕西省咸阳市乾县凤凰山移民搬迁特色城镇 · 概念性规划设计 /32
Concept Planning of Migrants Relocation Project of Phoenix Mountain, Qian County, Xianyang, Shaanxi, 2014

4 江西省南昌市新建县马兰圩综合社区 · 概念性规划设计 /46
Concept Planning of Malanwei Residential Quarters, Xinjian County, Nanchang, Jiangxi, 2013

5 陕西省咸阳市礼泉县核心区城市更新 · 城市设计 /54
Urban Design of Liquan Core Area Renewal, Xianyang, Shaanxi, 2013

6 陕西省咸阳市礼泉县白村城乡统筹新型社区 · 修建性详细规划 /66
Constructive Detailed Planning of Baicun New Residential Quarters, Liquan County, Xianyang, Shaanxi, 2013

7 陕西省咸阳市礼泉县滨湖新区 · 概念性规划设计 /76
Concept Planning of Binhu New District, Liquan County, Xianyang, Shaanxi, 2013

8 陕西省咸阳市礼泉县手工艺产业园 · 概念性规划设计 /88
Concept Planning of Handicraft Industrial Park, Liquan, Xianyang, Shaanxi, 2013

9 江苏省邳州市新顺居住区 · 修建性详细规划设计 /98
Constructive Detailed Planning of Xinshun Residential Quarters, Pizhou, Jiangsu, 2013

10 黑龙江省哈尔滨市阿什河湿地公园 · 概念性规划设计 /106
Concept Planning of Ashi River Wetland Park, Harbin, Heilongjiang, 2012

11 江西省赣州市章江新区江山里 · 概念性规划设计 /114
Concept Planning of Jiangshan Estate of Zhangjiang New Development District, Ganzhou, Jiangxi, 2011

12 上海市金山国际乡村俱乐部 · 概念性规划设计 /124
Concept Planning of Jinshan International Country Club, Shanghai, 2011

13 江苏省如皋市经济技术开发区核心区 · 概念性规划设计 /130
Concept Planning of the Core Area of Economic and Technological Development Zone, Rugao, Jiangsu, 2011

14 河北省唐海县科元里 · 修建性详细规划设计 /140
Constructive Detailed Planning of Keyuan Block, Tanghai, Hebei, 2011

15 四川省攀枝花市阳光全景台 · 概念性规划设计 /148
Concept Planning of Sun-panoramic View, Panzhihua, Sichuan, 2010

16 黑龙江省哈尔滨市道外区三马地区滨水空间 · 控制性详细规划和城市设计 /156
Regulatory Detailed Planning and Urban Design of Sanma Waterfront Space, Daowai District, Harbin, Heilongjiang, 2010

17 黑龙江（国家级）现代农业示范区 · 概念性规划设计 /174
Concept Planning of Heilongjiang Modern Agricultural Demonstration Park, Harbin, 2010

18 黑龙江省哈尔滨市征仪路土地一级开发项目 · 城市设计 /184
Urban Design of Zhengyi Land First-level Development Project, Harbin, Heilongjiang, 2010

19 陕西省绥德县绥德新城 · 总体规划设计 /194
Master Planning of Suide New City, Suide County, Shaanxi, 2009

20 沪宁城际铁路镇江火车站核心区 · 控制性详细规划和城市设计 /204
Regulatory Detailed Planning and Urban Design of the Core Area of Zhenjiang Railway Station, Zhenjiang, Jiangsu, 2009

21 安徽省滨湖现代农业综合开发示范区 · 修建性详细规划设计 /216
Constructive Detailed Planning of Binhu Modern Agricutural Development Demonstration District, Hefei, Anhui, 2009

22 四川省都江堰现代农业科技示范园 · 修建性详细规划设计 /228
Constructive Detailed Planning of Dujiangyan Modern Agr-technology Demonstration Park, Sichuan, 2008

附录 1 中英词汇对照 /244

附录 2 吕维锋演讲活动一览 /245

附录 3 吕维锋作品分布图 /248

附录 4 吕维锋出版物一览 /250

附录 5 吕维锋作品展一览 /252

1 莫桑比克中国汽车工业园・概念性规划设计

Concept Planning of Chinese Automobile Industry Park of Mozambique, Maputo, Mozambique, 2015

共荣 / Mutualism

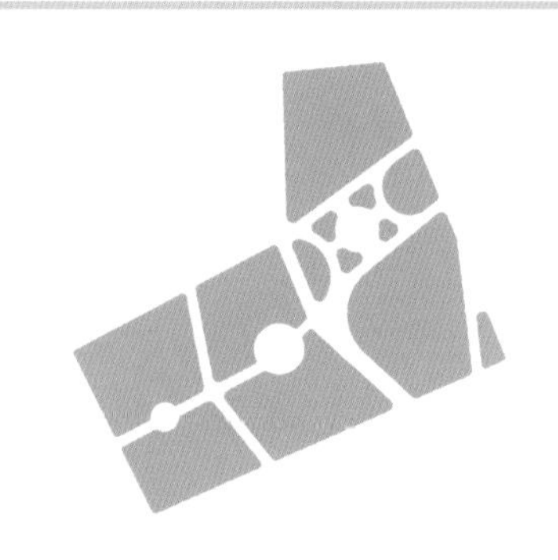

- 业主 / Client：
  马捷捷汽车有限公司 / Matchedje Motor, Lda.
- 时间 / Time：
  2015.04
- 合作者 / Cooperator：
  刘洋 任雅微 吴佳颖 / LIU Yang, REN Yawei, WU Jiaying

状 · Site

卫星照片总平面图

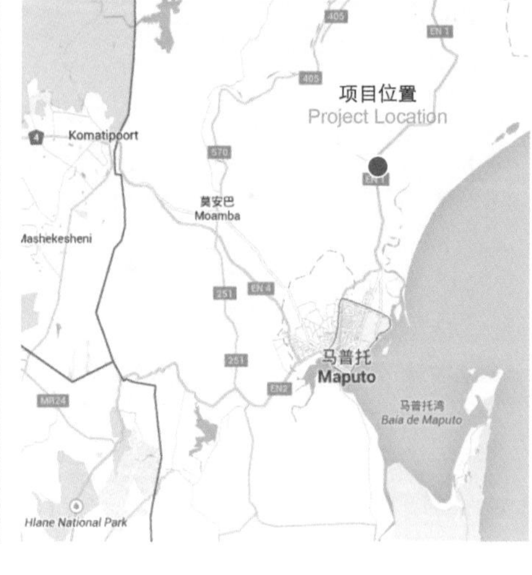

- 莫桑比克国家科技园位于莫桑比克马普托省（Maputo）马尼萨县（Manhica）马洛安娜地区（Maluana），总占地面积为 950 hm^2，第一期规划面积为 360 hm^2。莫桑比克中国汽车工业园作为莫桑比克国家科技园内的第二期项目，占地面积为 590 hm^2。工业园南距莫桑比克首都马普托市 60 km，距林波波河（Limpopo River）6 km，东至印度洋约为 12 km，南距莫桑比克首都国际机场 47 km，至马普托港 50 km。
- 连接首都马普托和莫桑比克国家科技园的国家 1 号公路（E.N.1）毗邻基地西侧。政府计划修建一条从 4 号高速公路至马洛安娜地区的高速公路，将缩短南非到莫桑比克国家科技园之间的交通距离。

意 · Connotation

东临碣石，以观沧海。水何澹澹，山岛竦峙。树木丛生，百草丰茂。

秋风萧瑟，洪波涌起。日月之行，若出其中。星汉灿烂，若出其里。幸甚至哉，歌以咏志。

——[三国] 曹操 ·《观沧海 · 碣石篇》

释 · Interpretation

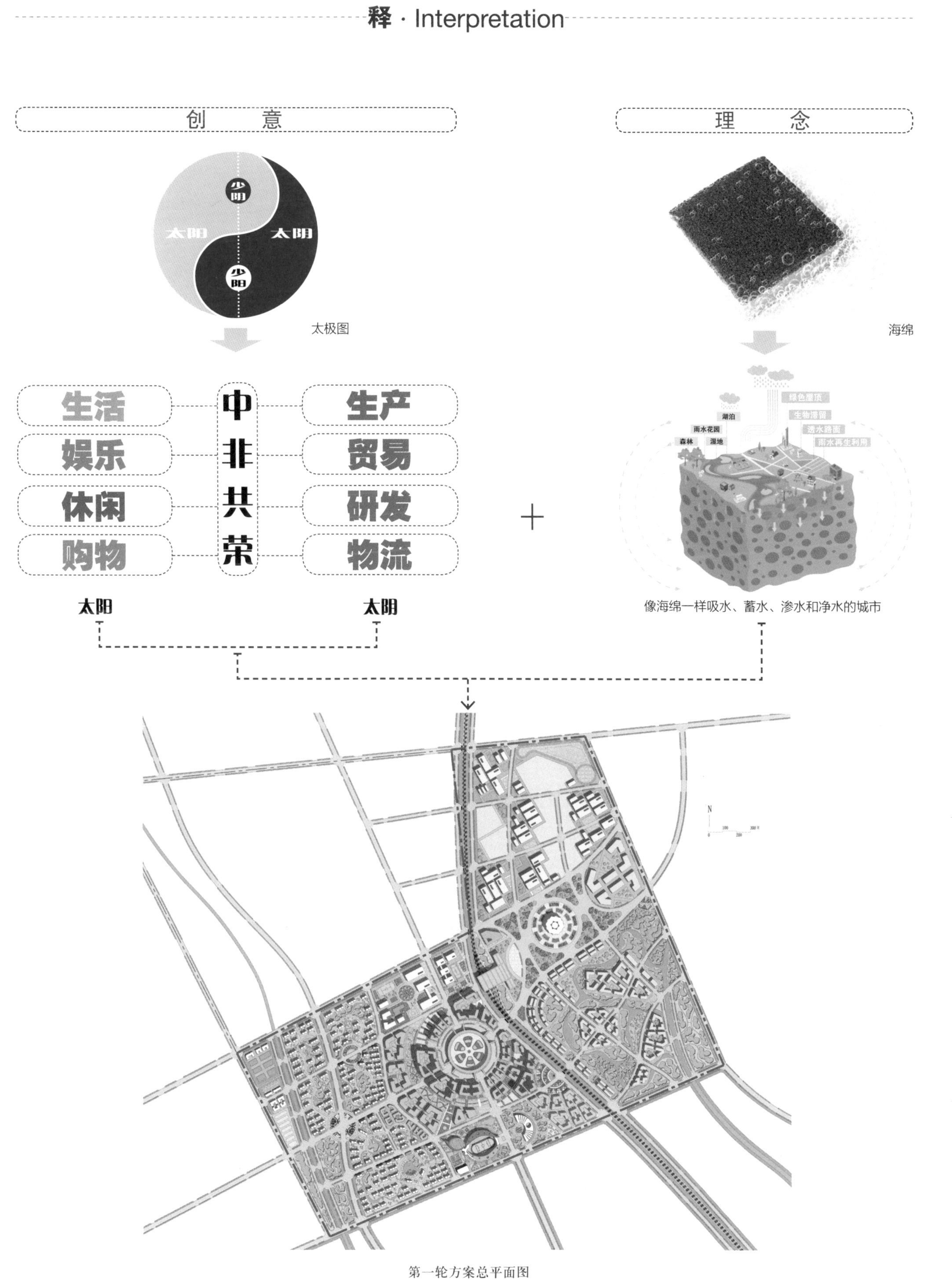

第一轮方案总平面图

文 · Text

一、规划原则

1. 市场导向原则

· 良好的市场前景和发展潜力是推进汽车工业园建设的主要动力。莫桑比克中国汽车工业园在充分研究市场现状和把握产业态势的基础上，以非洲市场要素导向为风向标，合理地进行相关汽车产业链项目的筛选和配套。

2. 资源依托原则

· 利用马普托传统人文资源，深入挖掘非洲历史文化与汽车工业园的文脉关系，使汽车工业园的发展植根于当地文化，使产业与文化和谐发展，增强汽车工业园的市场竞争力。

3. 结构完整原则

· 按照“以人为本”和“生态保护”的原则，处理好自然空间、生活空间和生产空间的有机联系，既延续地区自然生态的肌理，又为汽车工业园创造丰富多彩的生活和生产场所，实现人与自然的和谐统一。

4. 产业集群原则

· 工业园在产业组织上采用从整车到配套和从配套到整车相结合的产业模式，创立有助推作用的企业发展驱动力，建立汽车产业大数据增值服务空间，充分发挥规模积聚效益，形成汽车产业链集群。

5. 动态演进原则

· 要根据市场的变化和技术的进步，不断更新和调整汽车工业园的产业发展方向，保持汽车产业链产业结构的战略性和先进性。

6. 中非共荣原则

· 中国和非洲的关系长期友好，在新的国际形势下都面临更多的发展机遇。非洲大陆资源丰富，以农业和矿产业为主导产业。中国经过几十年的高速发展，集聚了雄厚的制造业基础，非洲与中国的产业结构存在很大的互补性。在汽车工业产业园项目上双方以“真、实、亲、诚”的态度和谐共荣，共同促进双边汽车产业的合作和发展。

二、功能定位

· 将莫桑比克中国汽车工业园建成运作高效、管理规范、产品安全、业态先进、交通便捷、环境优美、信息通畅和面向莫桑比克乃至非洲的汽车产业服务基地。创建集现代汽车研发制造、汽车生产服务、运输配送、仓储加工、商务会展、商品交易、信息处理和居住游憩为一体的国际性汽车工业产业园。

三、功能分区

· 莫桑比克中国汽车工业园分为汽车研发区、汽车整车生产区、汽车零部件区、汽车科教区、汽车贸易区、汽车文化区、仓储物流区、综合服务区和现代住宅区九大分区，涵盖了汽车及相关产业生产、科研、贸易、物流、服务以及配套设施等功能。

案 · Scheme

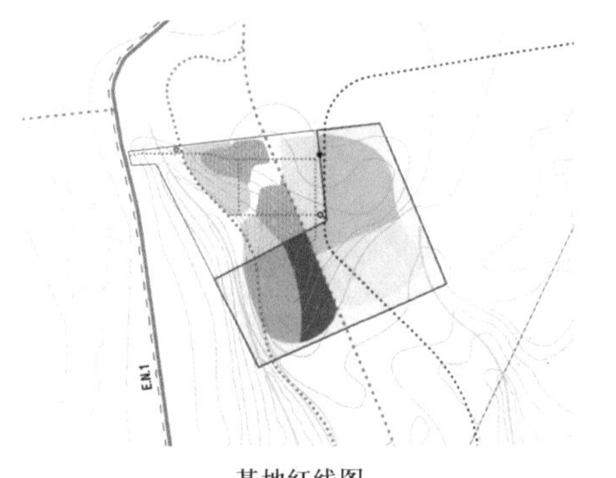

基地红线图

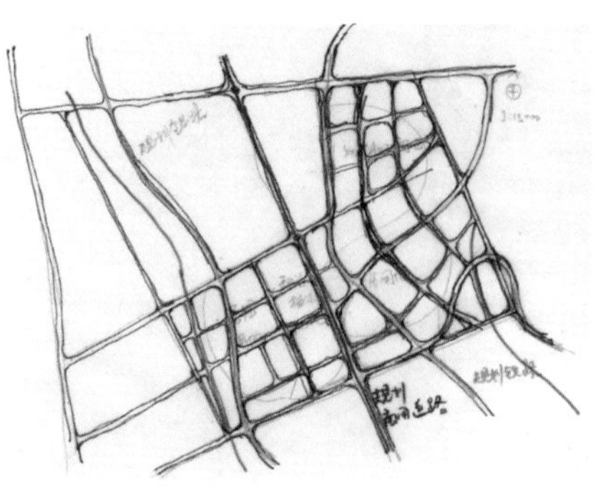
第一轮构思草图

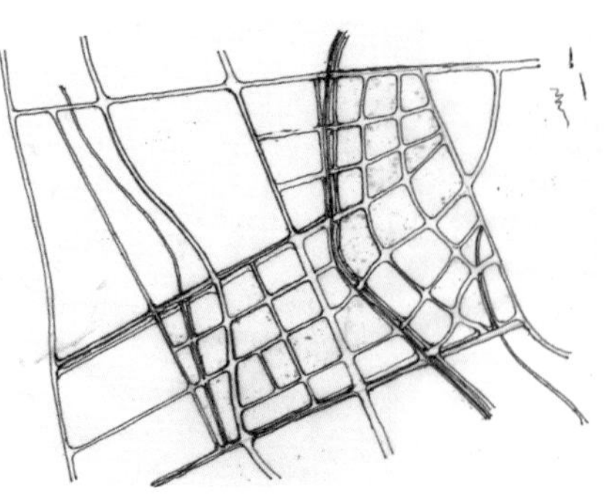
第二轮构思草图

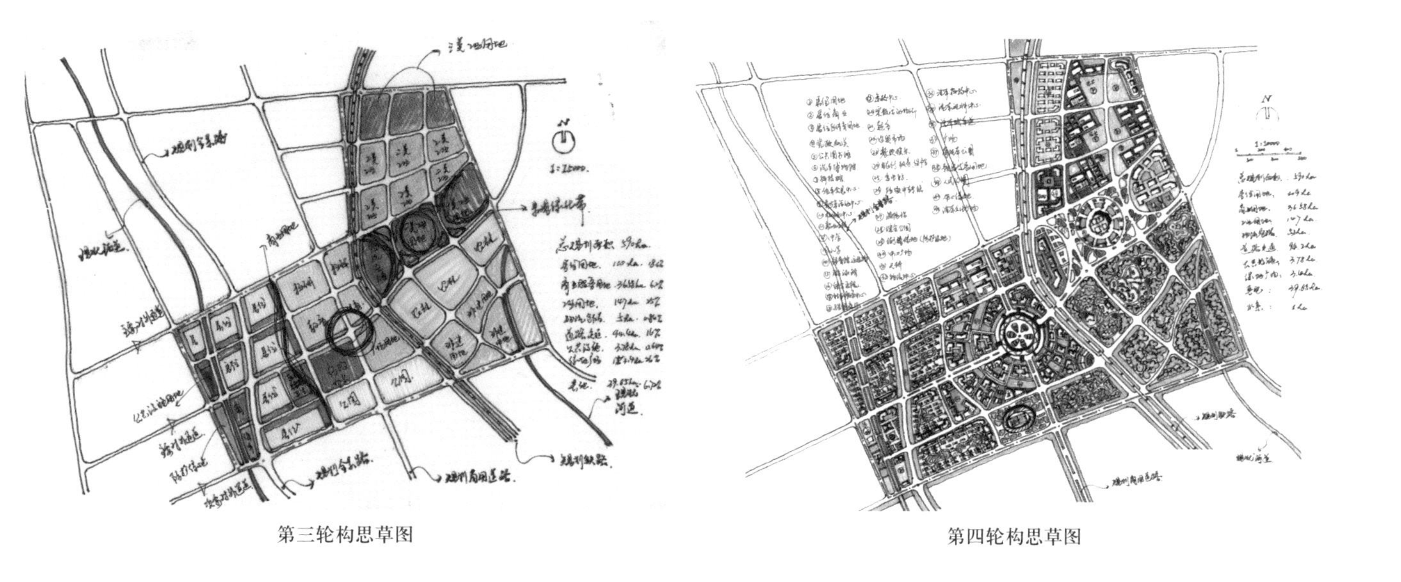

第三轮构思草图　　　　第四轮构思草图

局 · Plan

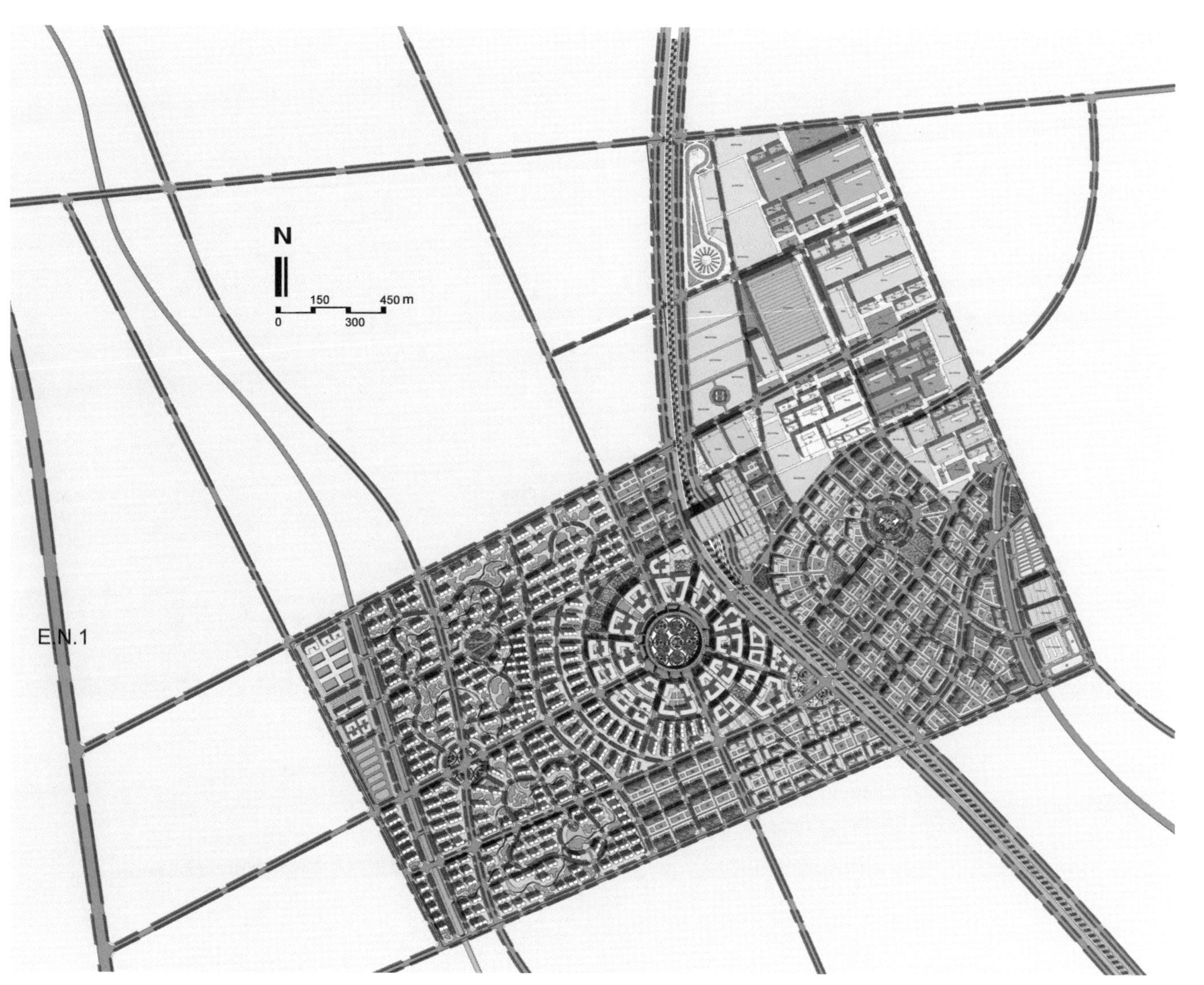

总平面图

额 · Quota

城乡用地汇总表

用地代码	用地名称		用地面积 (hm^2)	占城乡用地比例
R	居住用地		114	20.00%
A	公共管理与公共服务设施用地		22	3.86%
	其中	行政办公用地	3.36	–
		文化设施用地	3.02	–
		教育科研用地	3.54	–
		体育用地	3.7	–
		医疗卫生用地	4.1	–
		社会福利用地	2.32	–
		宗教设施用地	1.96	–
B	商业服务业设施用地		18	3.16%
	其中	商业设施用地	6.45	–
		商务设施用地	2.91	–
		娱乐康体用地	4.19	–
		公共设施营业网点用地	4.45	–
		其他服务设施用地	–	–
M	工业用地		251	44.03%
	其中	一类工业用地	251	–
W	物流仓储用地		4	0.70%
	其中	一类物流仓储用地	4	–
S	交通设施用地		85.14	14.94%
	其中	城市道路用地	79.56	–
		区域场站用地	5.58	–

用地代码	用地名称		用地面积 (hm^2)	占城乡用地比例
U	公共设施用地		5	0.88%
	其中	供应设施用地	1.65	–
		环境设施用地	1.32	–
		安全设施用地	1.41	–
		其他公共设施用地	0.62	–
G	绿地		70.85	12.43%
	其中	公园绿地	28.21	–
		防护绿地	24.82	–
		广场绿地	17.82	–
H11	城乡建设用地		569.99	100%
H	建设用地		579.46	98.21%
	其中	城乡建设用地	569.99	–
		区域交通设施用地	9.47	–
		区域公用设施用地	–	–
		特殊用地	–	–
		采矿用地	–	–
		其他建设用地	–	–
E	非建设用地		10.54	1.79%
	其中	水域	10.54	–
		农林建设用地	–	–
		其他建设用地	–	–
	城乡用地		590	100%

面 · Facade

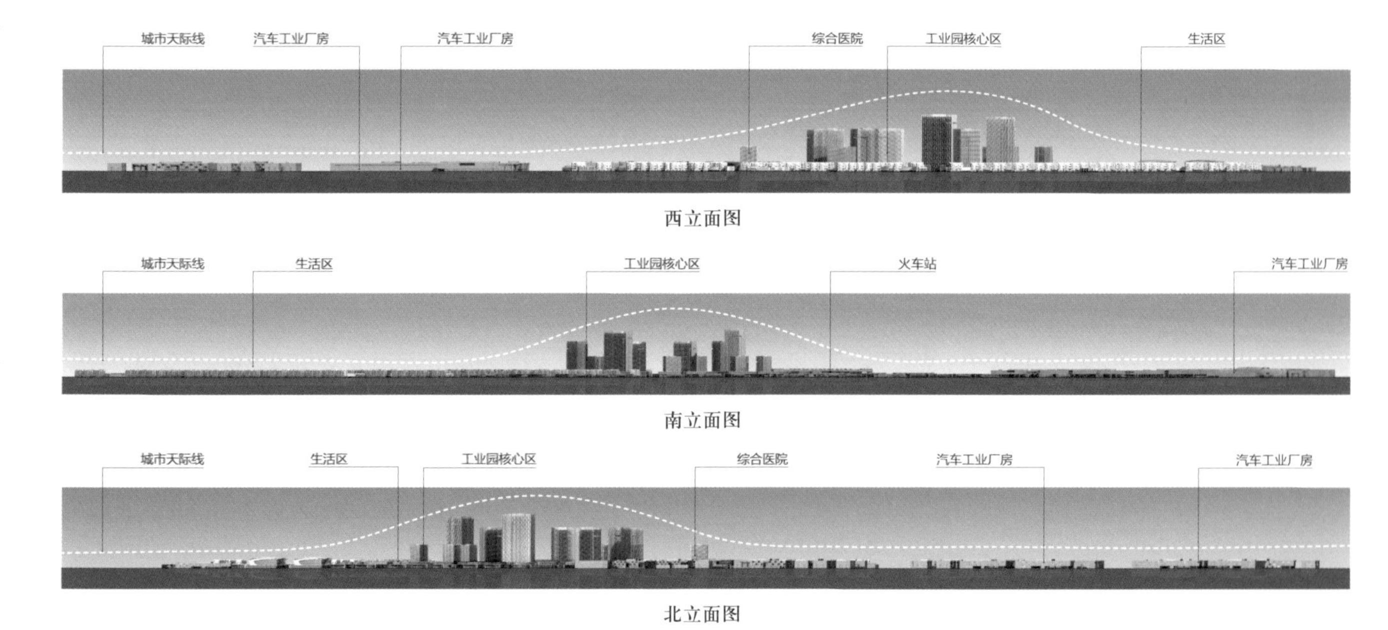

西立面图

南立面图

北立面图

构 · Structure

· 莫桑比克中国汽车工业园由两大片区构成，即工业区和生活区，阴阳互补，产城共荣。整体规划结构为“一路、两核、三带、四网”：以穿越工业园的铁路线为主要物流运输道路，称为“一路”；以居住综合服务区和汽车工业区为生活区核心和生产区核心的两个核心区，称为“两核”；以穿越工业园的火车线景观带和穿越生活区、工业区的河流景观带为要素的三条线性景观带为“三带”；以横向四条主要道路和纵向四条主要道路构成的莫桑比克中国汽车工业园骨架结构的交通网称为“四网”。

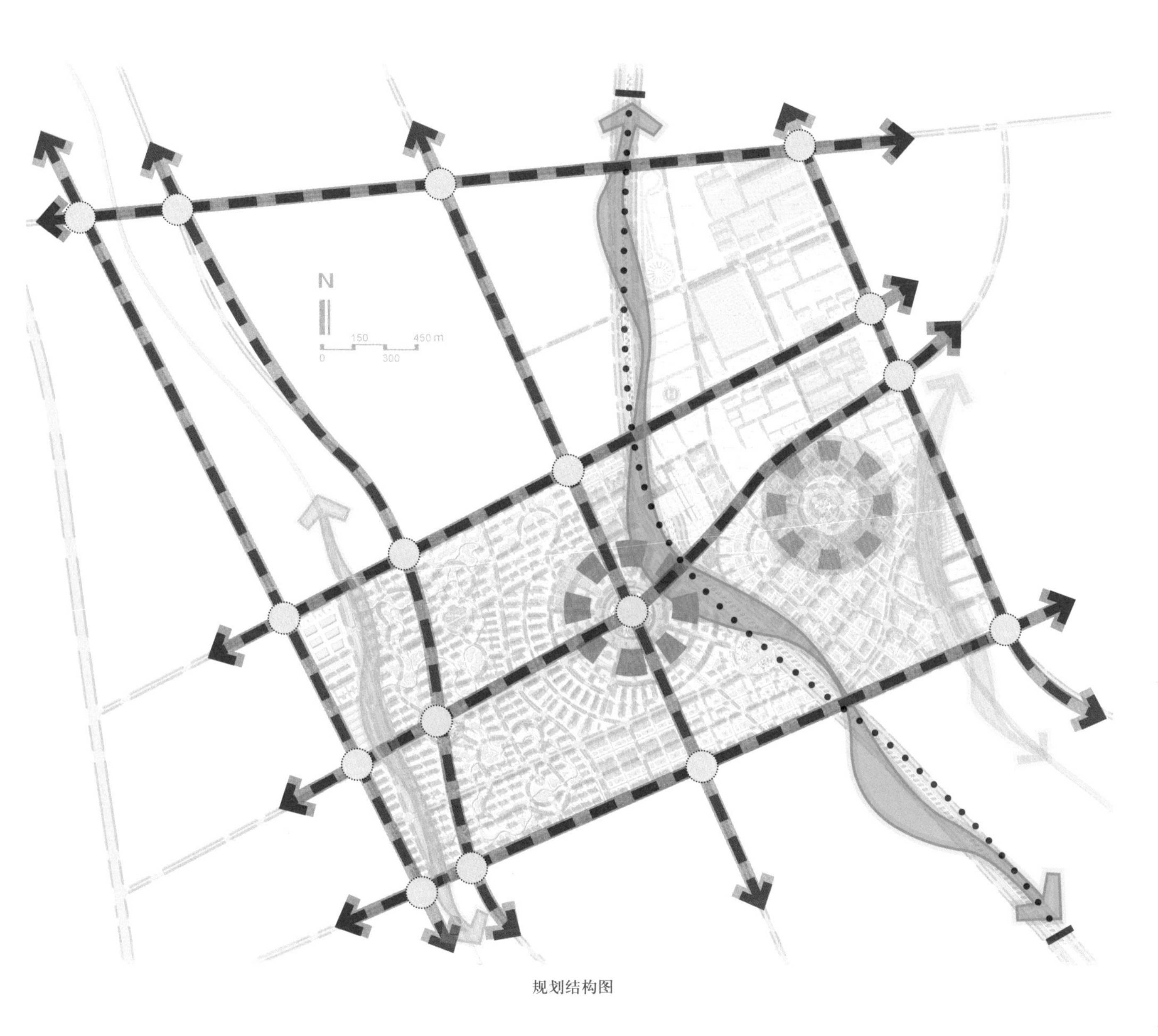

规划结构图

通 · Connection

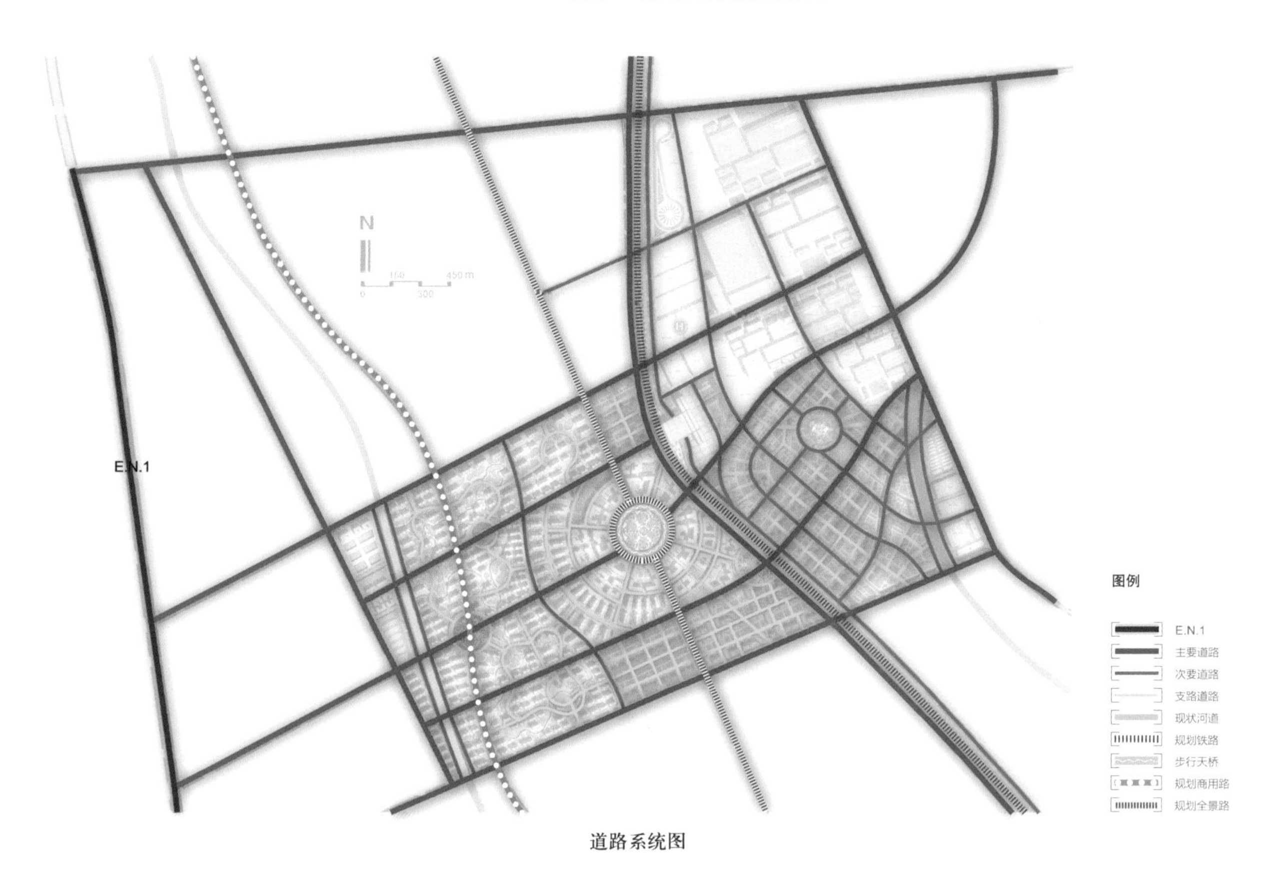

道路系统图

地 · Land

土地利用规划图

能 · Function

功能布局图

视 · Vision

第一轮方案鸟瞰图

总体鸟瞰图

2 上海老港种源基地·概念性规划设计
Concept Planning of Laogang Seeds Base, Shanghai, 2014

田种 / Seeds

- 业主 / Client：
  上海孙桥现代农业联合发展有限公司 / SMAUD
- 时间 / Time：
  2014.12
- 合作者 / Cooperator：
  刘洋 / LIU Yang

状 · Site

卫星照片规划红线图

意 · Connotation

锄禾日当午，汗滴禾下土。谁知盘中餐，粒粒皆辛苦。

——[唐] 李绅 ·《悯农》

释 · Interpretation

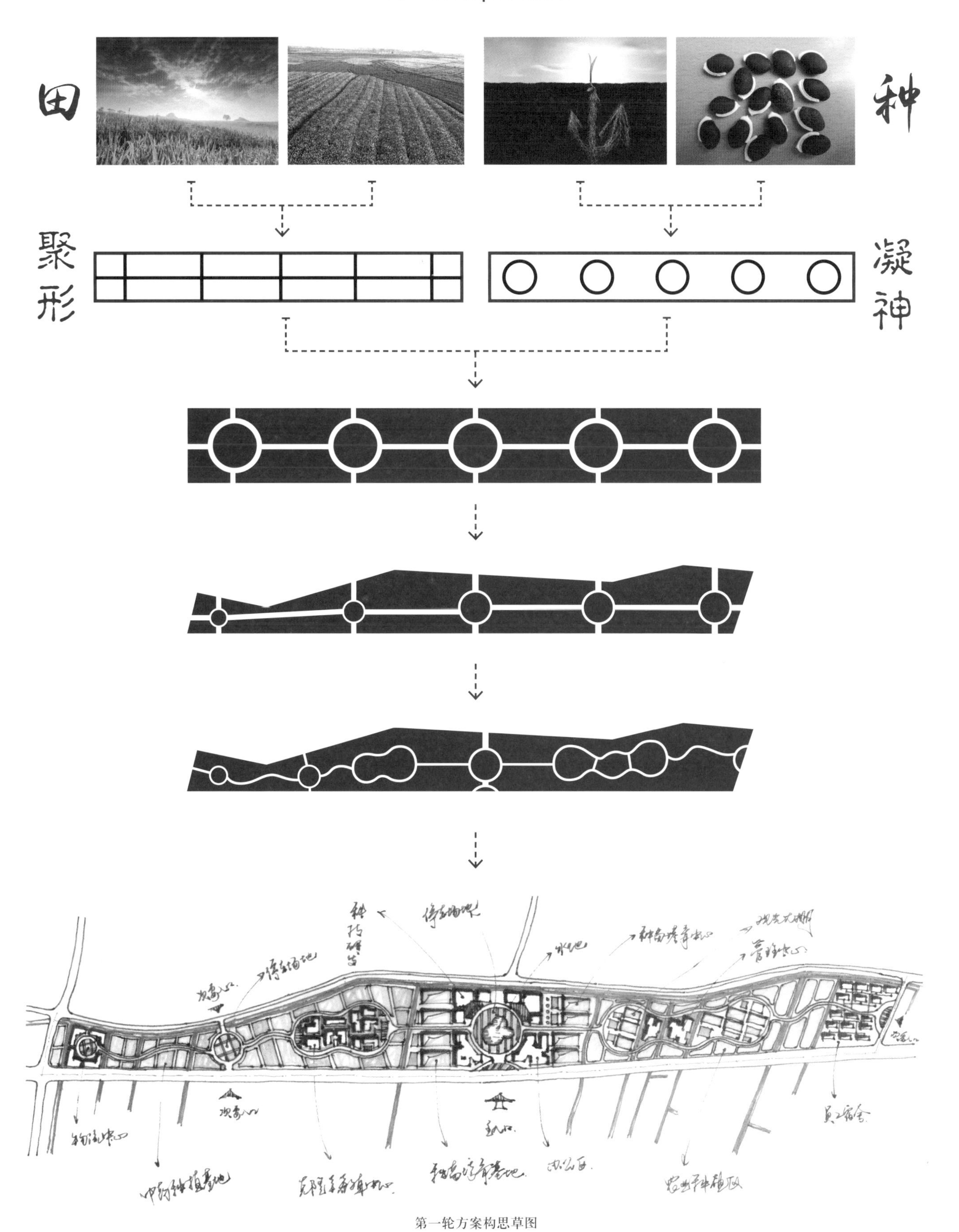

第一轮方案构思草图

案 · Scheme

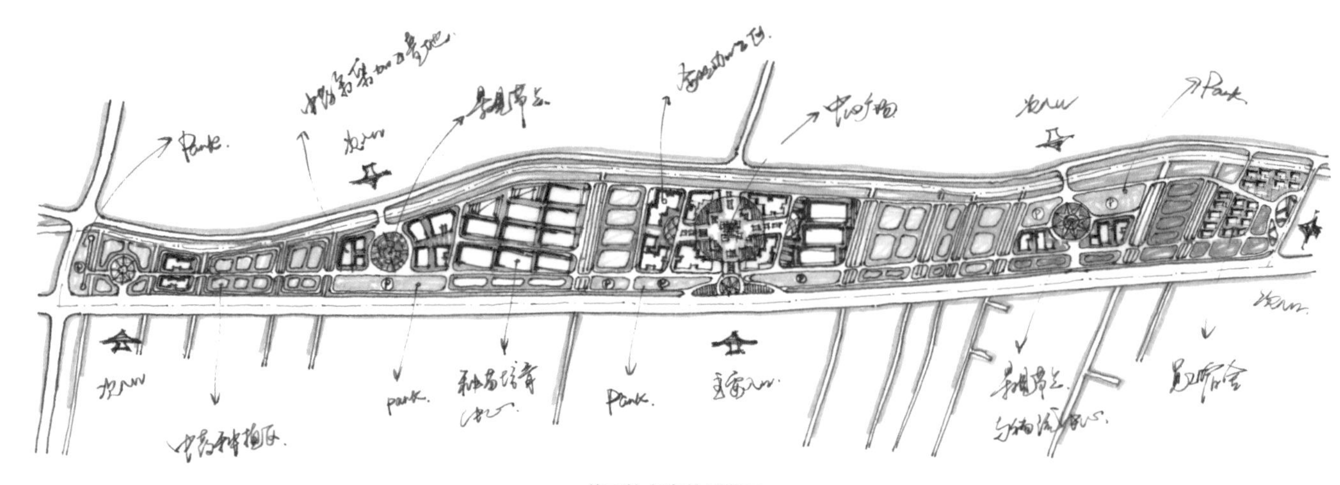

第二轮方案构思草图

构 · Structure

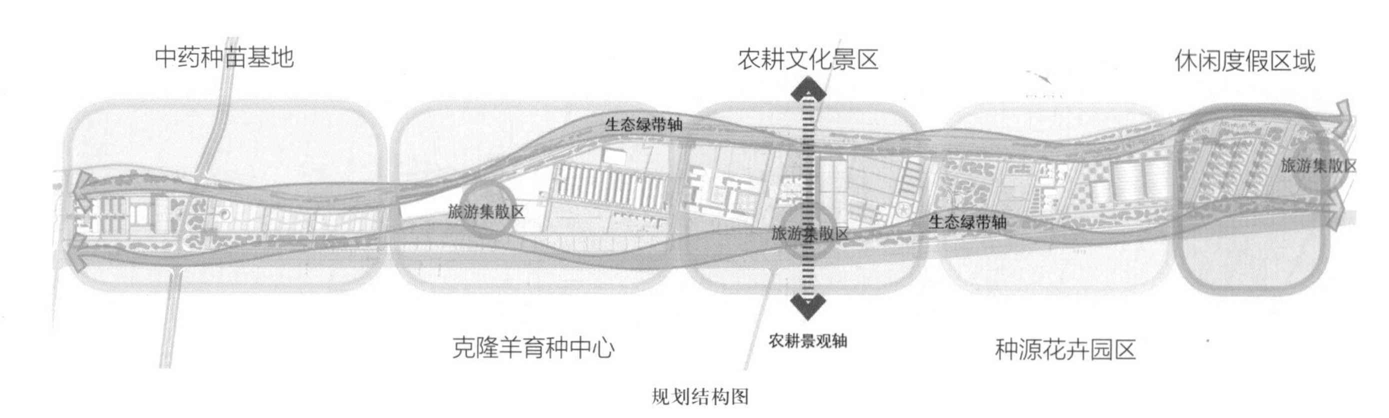

规划结构图

局 · Plan

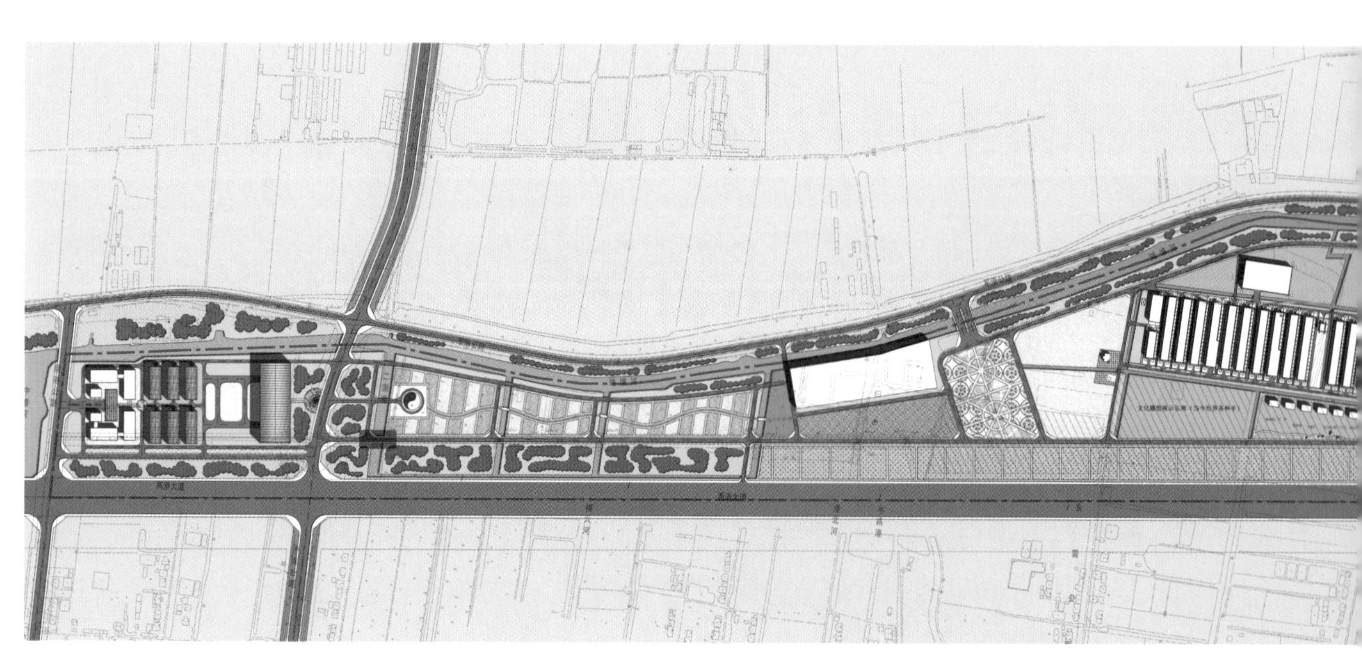

能 · Function

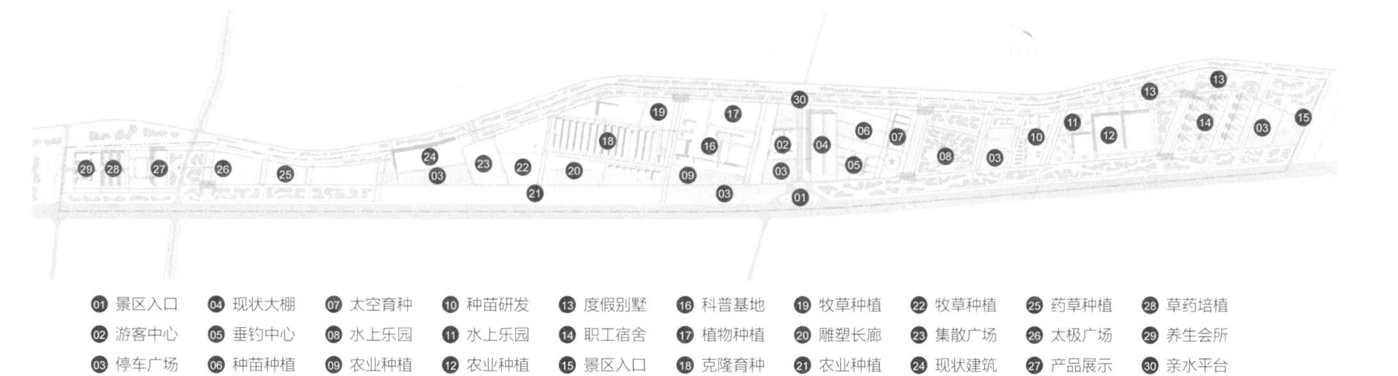

功能布局图

通 · Connection

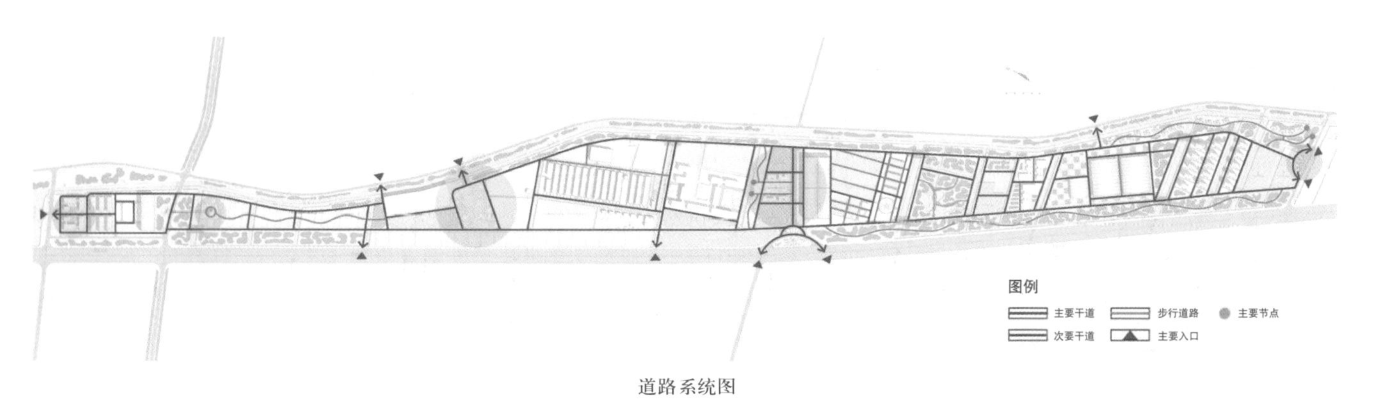

道路系统图

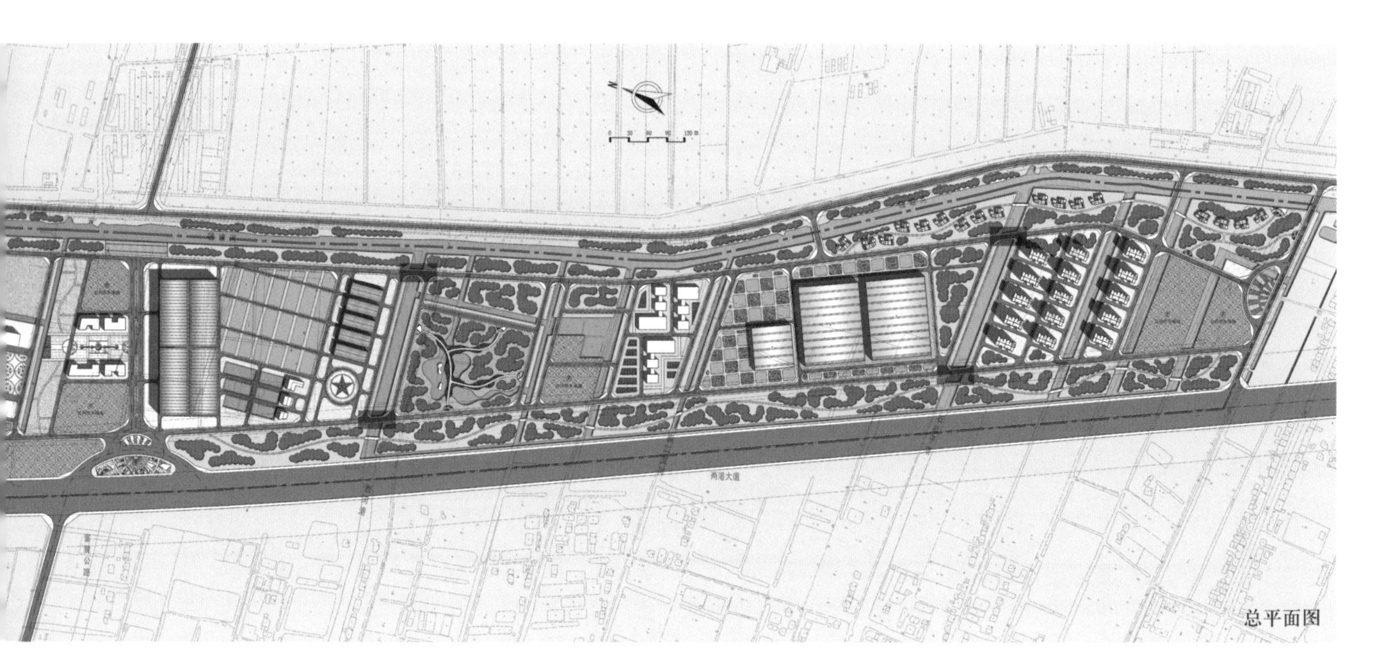

总平面图

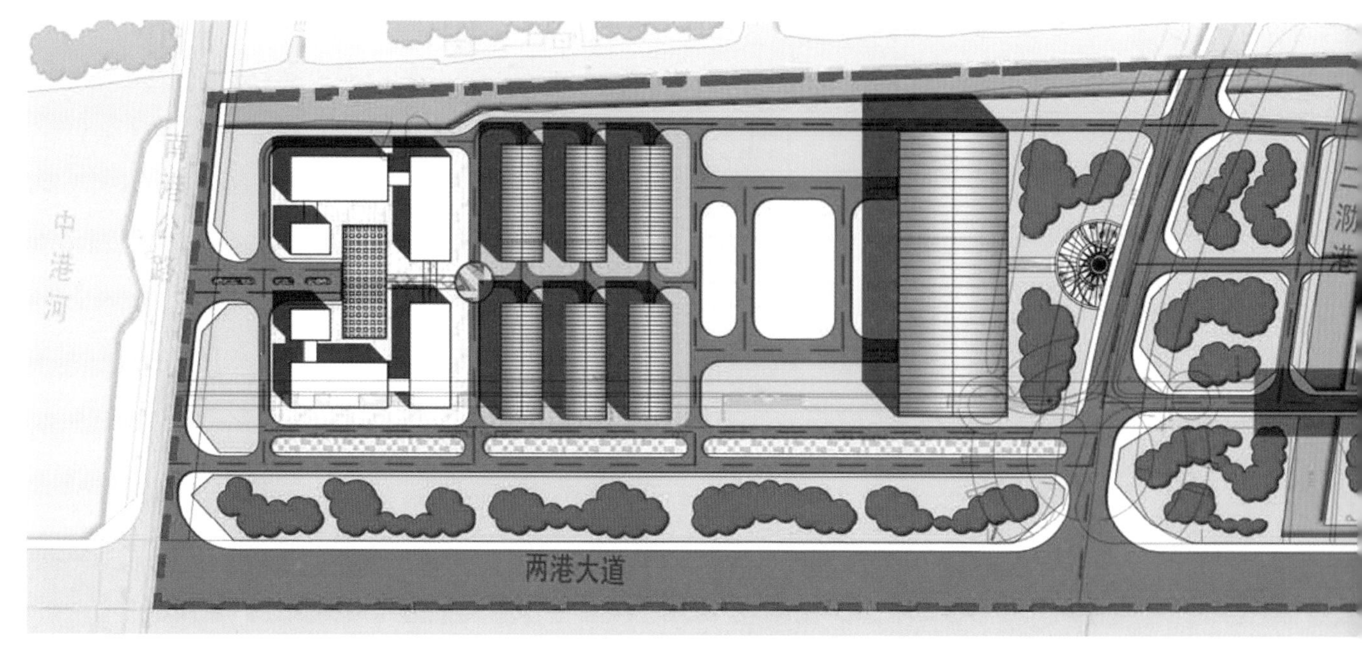

分区一规划：中药种苗种植基地

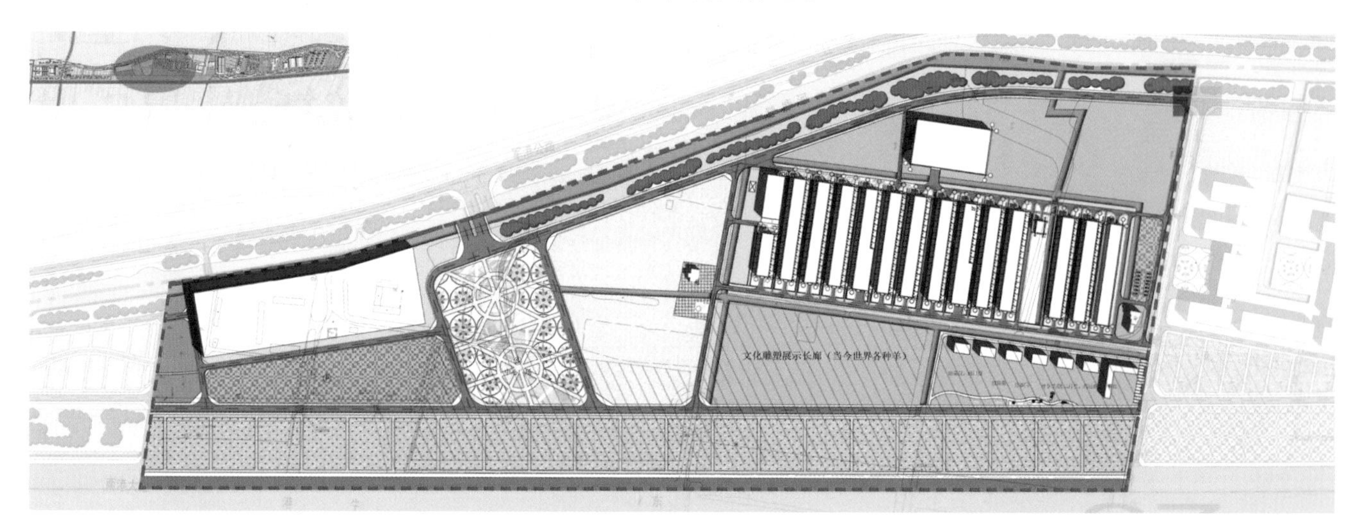

分区二规划：克隆羊育种中心

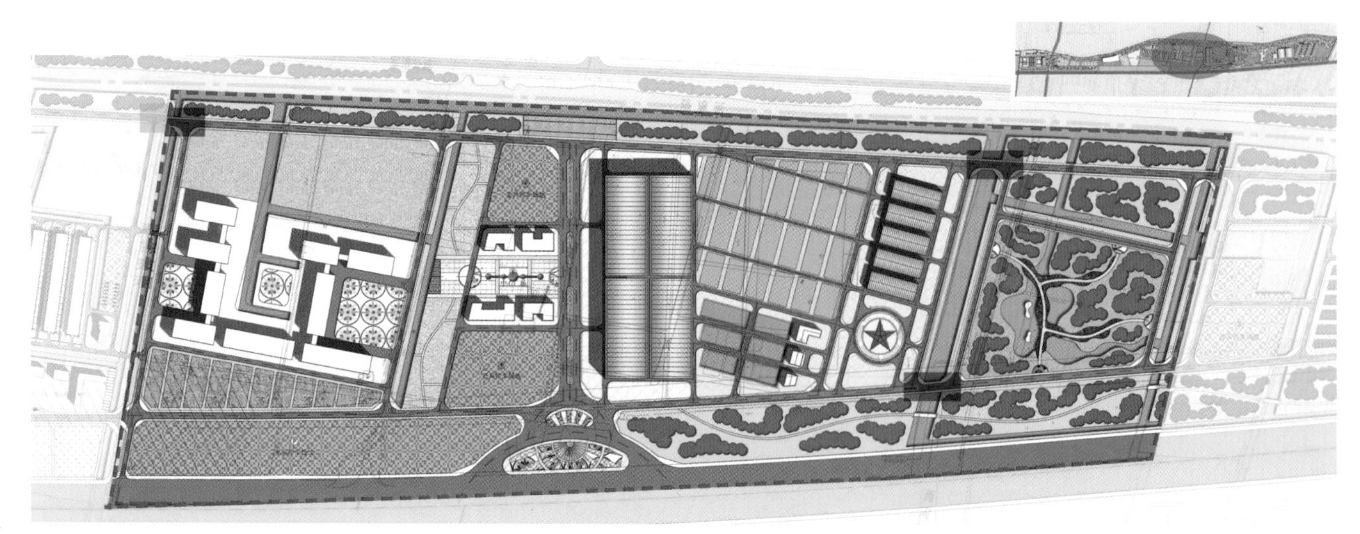

分区三规划：农耕文化景区

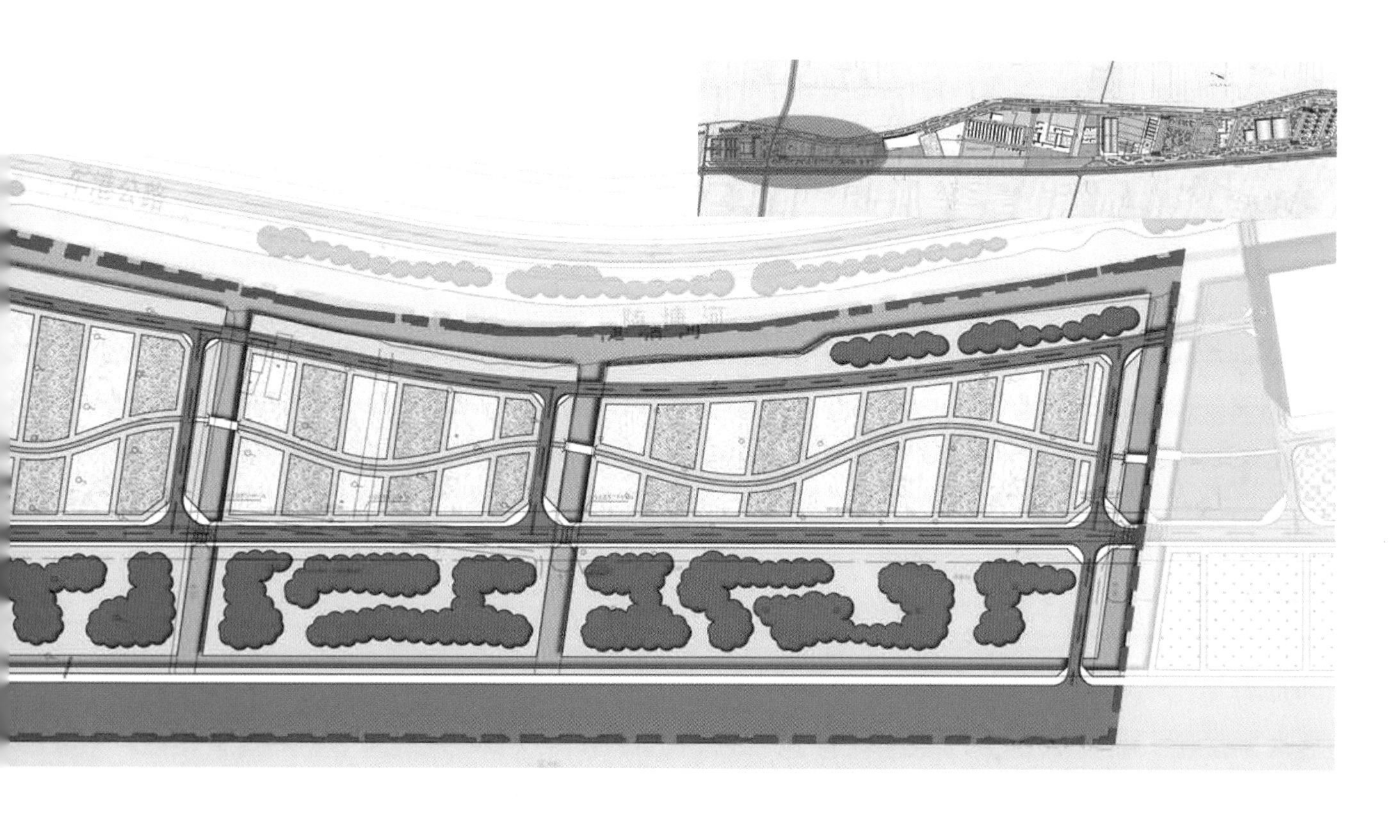

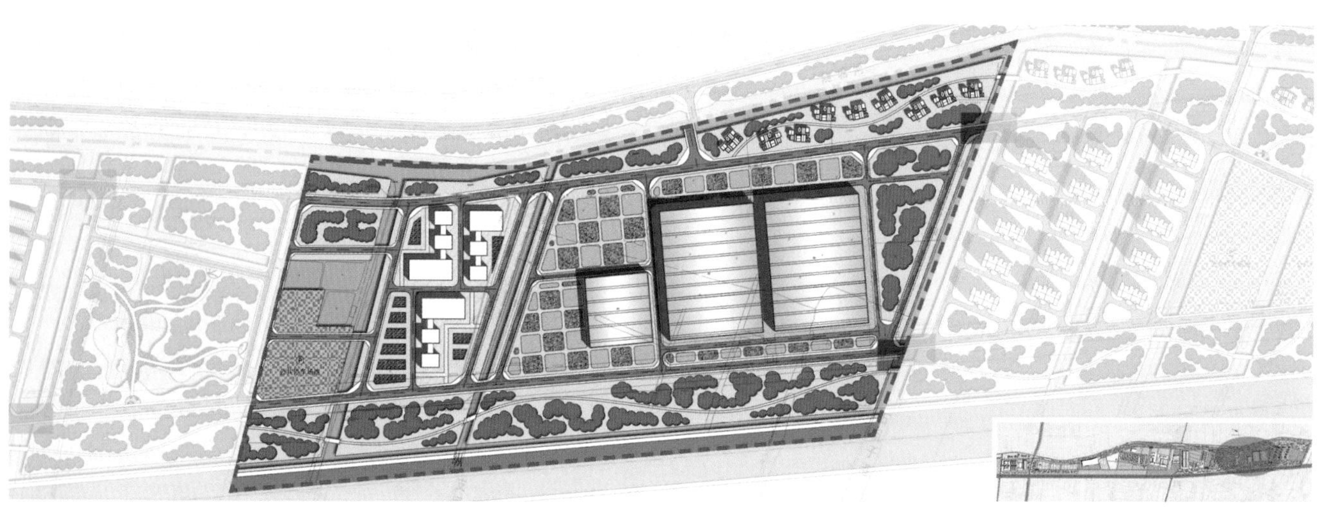

分区四规划：种植花卉园区

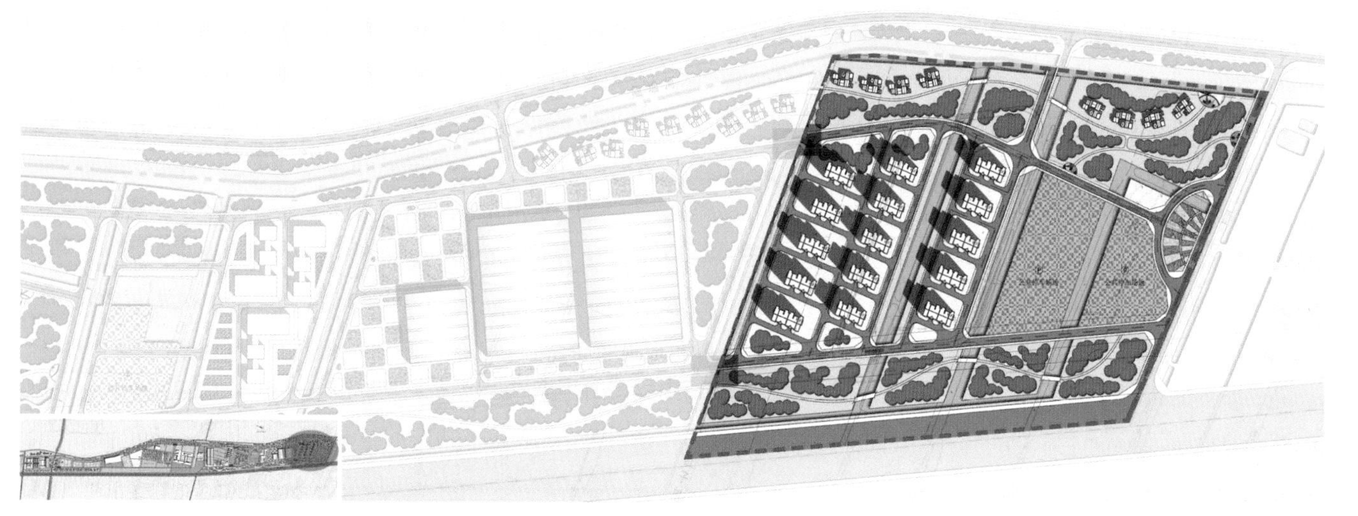

分区五规划：休闲度假区域

3 陕西省咸阳市乾县凤凰山移民搬迁特色城镇·概念性规划设计

Concept Planning of Migrants Relocation Project of Phoenix Mountain, Qian County, Xianyang, Shaanxi, 2014

福曜 / Benefits

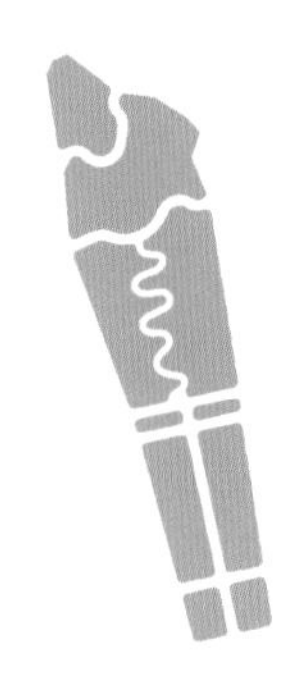

- 业主 / Client：
  陕西省咸阳市煜丰实业集团有限公司 / Yufeng Group, Xianyang, Shaanxi
- 时间 / Time：
  2014.04
- 合作者 / Cooperator：
  刘洋 吴佳颖 / LIU Yang, WU Jiaying

状 · Site

• 乾县凤凰山旱腰带移民搬迁基地核心区位于新阳镇潘荔村，基地范围为南尖路以东，潘荔路以西，尖山（别名凤凰山）玉皇道观以南，羊毛湾干渠和 107 省道以北，呈南低北高之势，总用地面积为 195.76 hm^2（2 936.4 亩）。

• 基地距乾县县城约 10 km，距新阳镇政府约 2 km，咸阳机场至著名旅游景区法门寺的路线经过基地主要路口。项目地理位置优越，自然生态良好，具备移民搬迁特色城镇建设所需要的相关条件。

意 · Connotation

……干禄百福，子孙千亿。……威仪抑抑，德音秩秩。……受福无疆，四方之纲。……不解于位，民之攸塈。

——《诗经 · 大雅 · 假乐》

释 · Interpretation

	自然	人居	物种	文化	食尚
关中特征	台塬	秦人	瓜果	文字	面食
城镇句法	台塬 川坝	建筑 居所	田园 农耕	笔墨 书画	馍饼 面烙
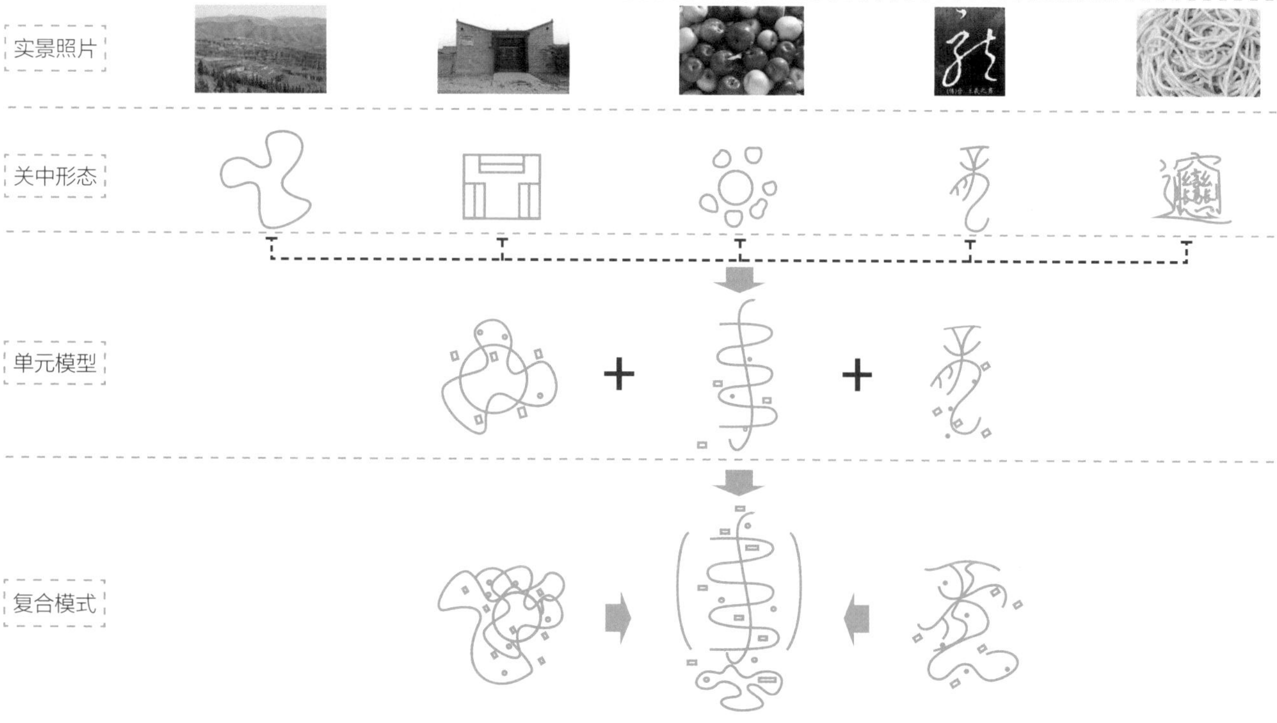 实景照片					
关中形态					

单元模型

复合模式

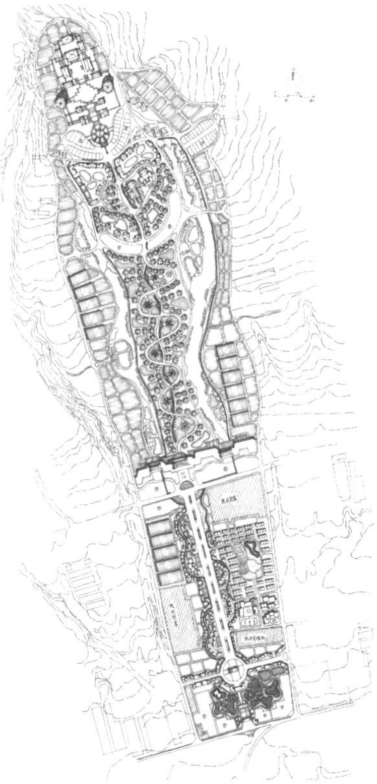

定稿方案构思草图

文 · Text

· 一、规划设计充分表现当代移民特色城镇的时代特征。以曲线形的农耕主题商业步行街、热闹的村民广场、古朴的戏台建筑、有机的台塬肌理和憧憬的尖山天际线，强调福耀般美好的移民家园同乾县的县域圈遥相辉映，并通过建筑艺术表达百姓的美好生活。

· 二、吸取传统文化建筑艺术特色，充分展示规划设计和建筑设计承上启下的完美结合，以陕西关中传统建筑演绎的元素形态，凸显特色城镇的地域风貌，敬山导水，筑壑展景，强调现代新农村社区生产和生活的统一和谐。

· 三、以尺度宜人和布局适度的公共设施、社区商业、休闲购物、小学幼托和餐饮娱乐空间映衬居住气氛，利用商业步行街和村民广场为旅游聚合形态，通过农业生态观光和采摘体验活动，打造延万无极的居住环境和休闲台塬空间。

· 四、结合乾县城市的地质肌理和交通格局，规划布局特色城镇的路网构架，以高低错落和富有空间特色的五个主题组团铸就移民搬迁的人居空间和生产形态，通过南北贯通的中轴大道联通不同功能的空间距离，体现由动至静、由人至圣、由密至疏、由商至文的特色城镇居住和休闲空间。

案 · Scheme

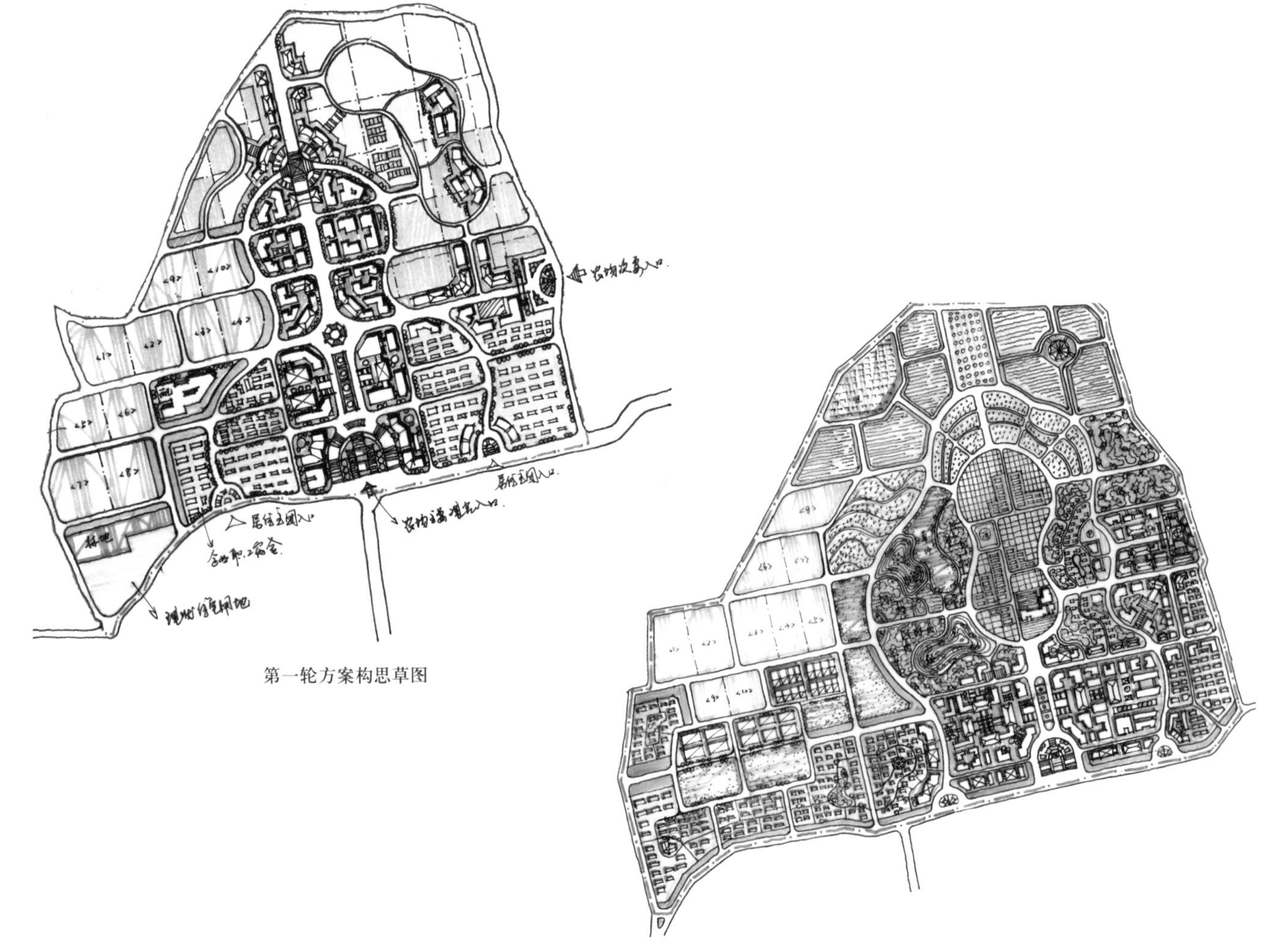

第一轮方案构思草图

第二轮方案构思草图

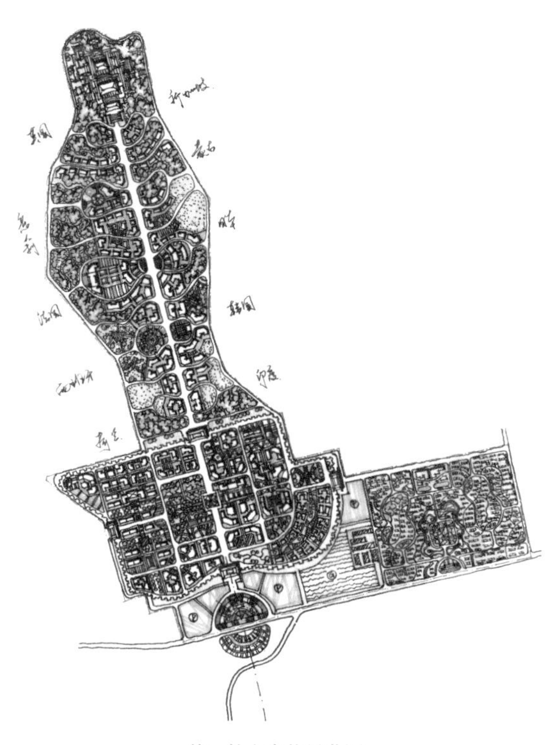

第三轮方案构思草图

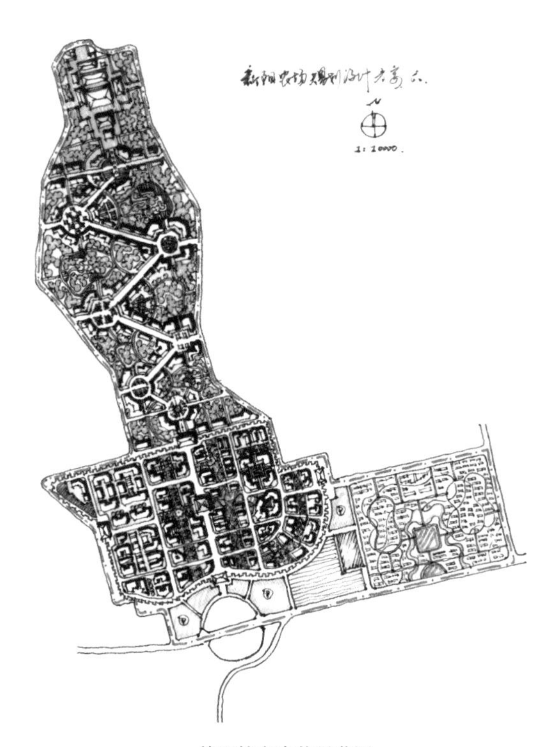

第四轮方案构思草图

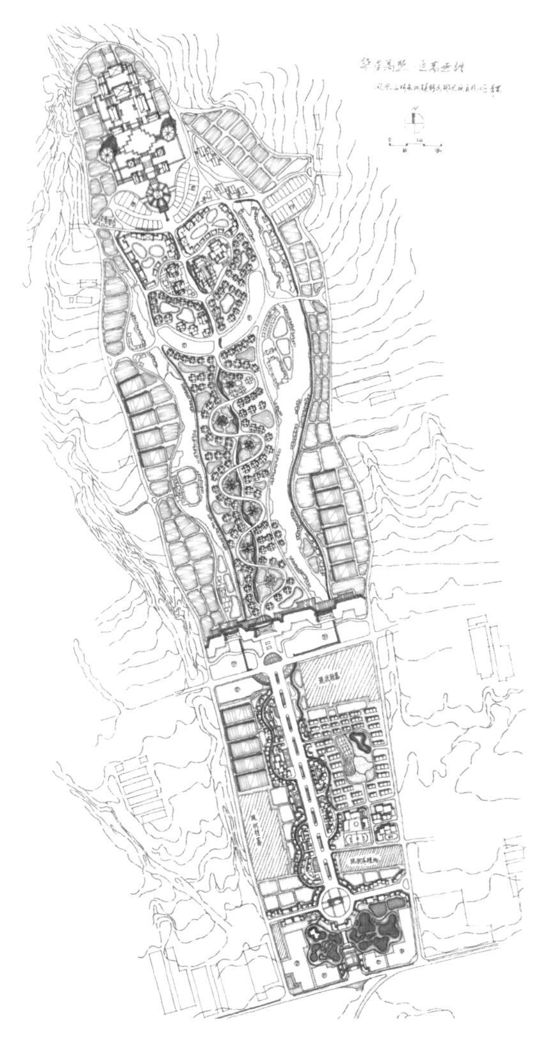

第五轮方案构思草图

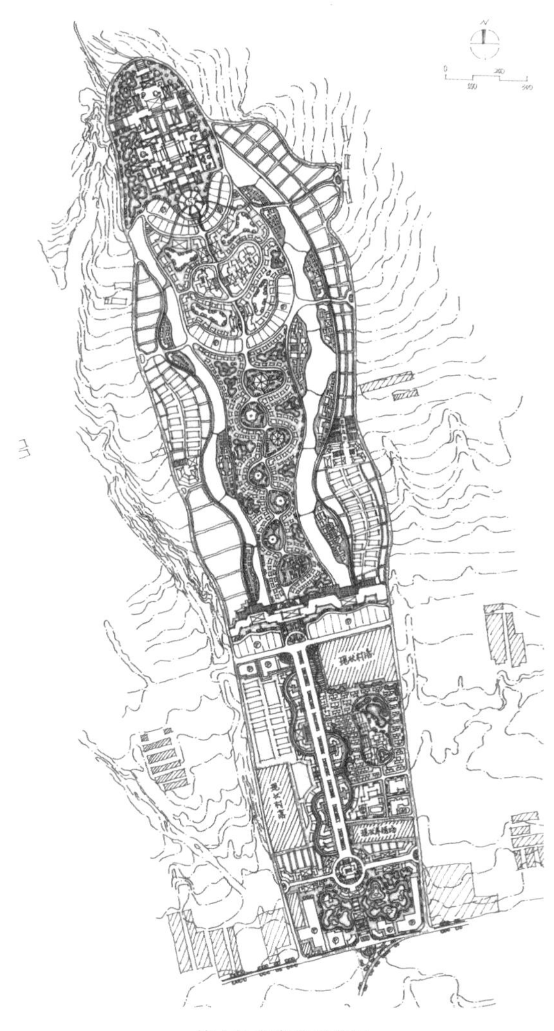

第六轮方案构思草图

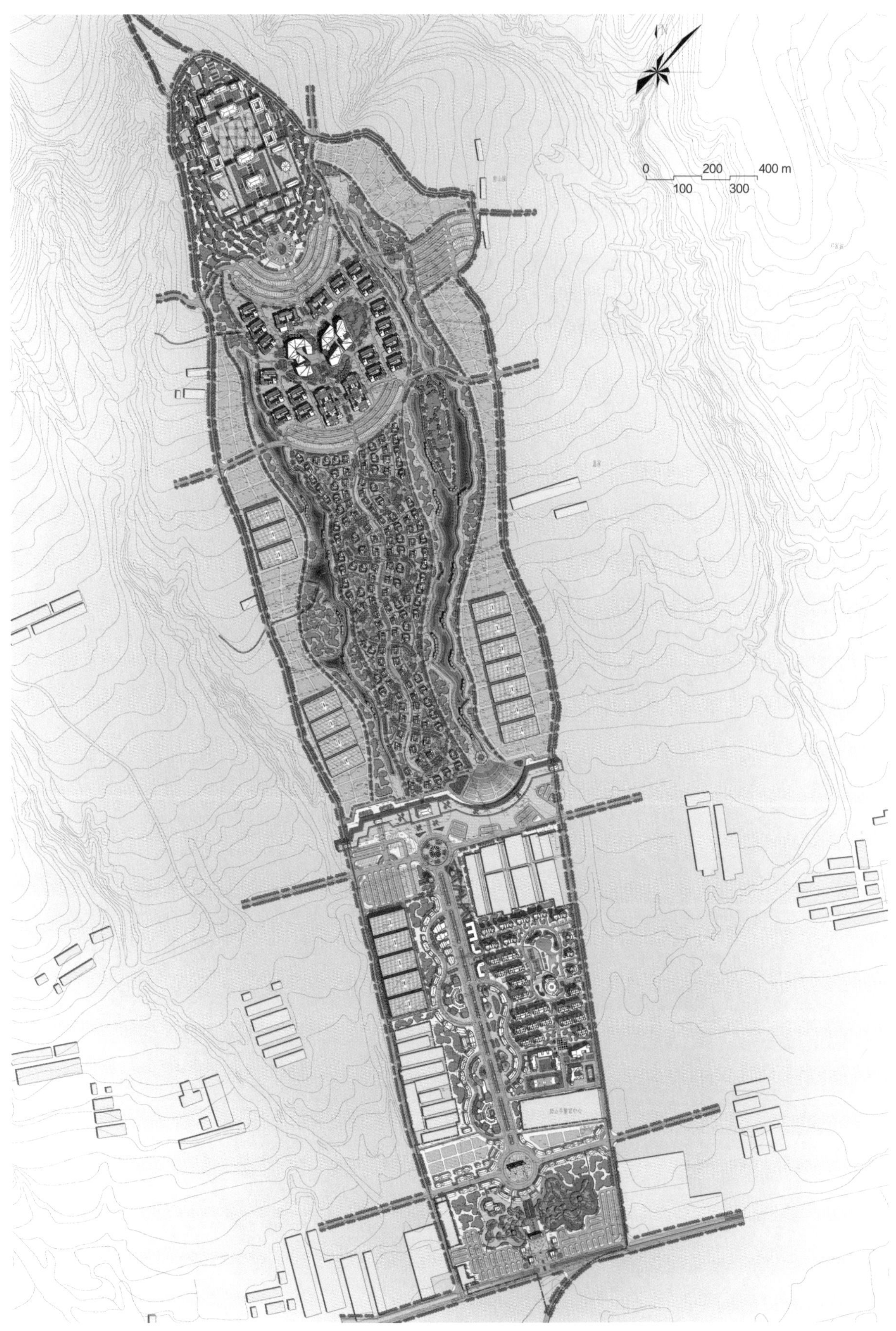

总平面图

额 · Quota

用地平衡表

编号	项目			数	单位
1	规划范围内总用地			195.76	hm^2
2	规划用地			195.76	hm^2
	其中	居住用地		32.42	hm^2
		公共管理与公共服务设施用地		20.72	hm^2
		其中	商业用地	8.15	hm^2
			小学	1.08	hm^2
			幼儿园	0.52	hm^2
			文化设施用地	3.16	hm^2
			宗教设施用地	7.81	hm^2
		商业服务业设施用地		4.95	hm^2
		道路与交通设施用地		41.79	hm^2
		其中	道路用地	28.92	hm^2
			交通场站用地	12.87	hm^2
		公共设施用地		1.9	hm^2
		绿地与广场用地		68.97	hm^2
		其中	公园绿地	65.23	hm^2
			广场用地	3.74	hm^2
		非建设用地		25.01	hm^2
		其中	水域	4.53	hm^2
			农林用地	20.48	hm^2
		备用地		–	hm^2

经济技术指标

编号	项目			数值	单位
1	规划用地			195.76	hm^2
2	总建筑面积			47.23	万 m^2
	其中	地上建筑面积		46.87	万 m^2
		地下建筑面积		0.36	万 m^2
3	建筑占地面积			19.26	万 m^2
4	建筑密度			9.84	%
5	容积率（不含地下）			0.24	–
	绿地率			33.32	%
6	居住建筑面积			15.89	万 m^2
7	宗教建筑面积			2.26	万 m^2
8	服务设施建筑面积			8.87	万 m^2
9	商业建筑面积			11.28	万 m^2
10	公共建筑面积			9.02	万 m^2
	其中	小学		0.51	万 m^2
		幼儿园		0.26	万 m^2
		礼堂		0.30	万 m^2
		城墙		3.89	万 m^2
		其他		4.06	万 m^2
11	道路面积			8.57	万 m^2
12	水域面积			1.19	万 m^2
13	停车场面积			36.92	万 m^2
14	停车位数量			3 736	个
	其中	地上停车位		3 727	个
		其中	公共停车位	3 236	个
			私家停车位	491	个
		地下停车位		213	个

面 · Facade

南立面图

东立面图

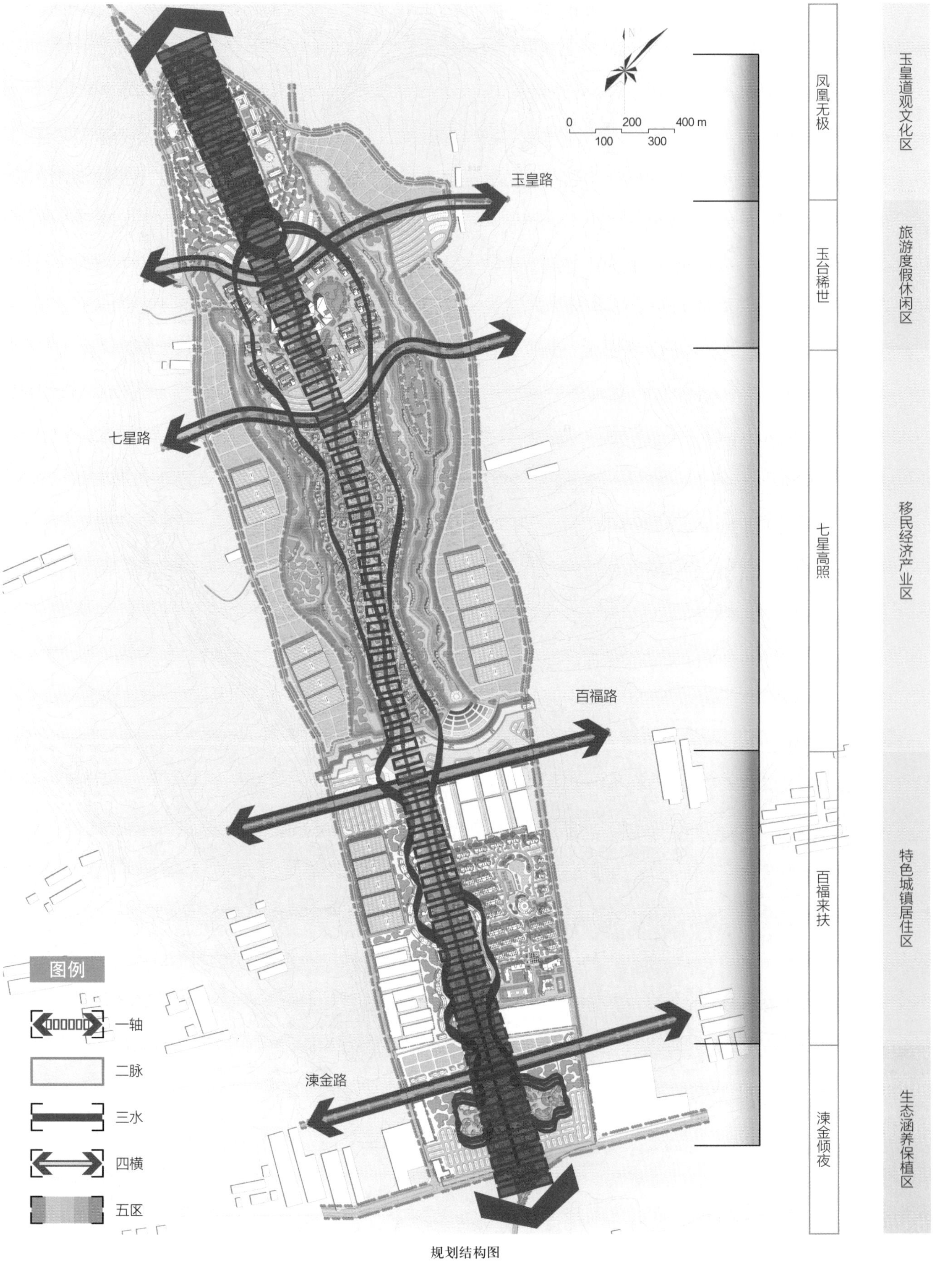

构 · Structure

0 200 400 m
100 300

玉皇路

七星路

百福路

涑金路

凤凰无极

玉台稀世

七星高照

百福来扶

涑金倾夜

玉皇道观文化区

旅游度假休闲区

移民经济产业区

特色城镇居住区

生态涵养保植区

图例

一轴

二脉

三水

四横

五区

规划结构图

· 项目规划结构为“一轴、二脉、三水、四横和五区”。

· 一轴：指贯穿核心区南北将国脉、域脉、山脉和宅脉融汇合一的中轴线，北起玉皇道观主殿，穿越移民居住区，南至羊毛湾干渠处主入口，并最终延展至关中大地，将移民特色城镇同泾渭秦川有机地耦合贯通。它既是人行通道也是水溪系统；既是景观长廊也是心灵圣道；既是视野聚焦景观更是机动车车行通道。神思汇聚于此，百景延展于斯。

· 二脉：为东西两侧的台塬沟壑，西侧冠名美好生活，东侧冠名幸福家园，其平均深度为 8 m，平均宽度为 15 m。它既是大自然留给我们的鬼斧神工，又代表休闲景观的人工雕琢。藏风纳凰，储精蓄气，乃双龙天道也。

· 三水：即沿中轴线和东西沟岸的三条人工浅水系，平均宽 30 cm，深 10 cm。它汲羊毛湾干渠肥水季节之丰润，至玉皇道观八卦广场，从广场中央的太极图阴阳核心点溢出，经中轴线和沿东西沟壑驳岸两侧顺势而下，灌特色城镇万亩良田之肥沃，筑千般景，道万缕情，以动制势，以活立景，循环往复，延万无极。

· 四横：乃特色城镇核心区横向连接环路的四条主干道，其中沿潘荔村的主干道原名为红旗路，本规划根据乾县地区考古发掘出的古代文物和史料遗字，按自南向北顺序将四条主干道分别命名为涑金路、百福路、七星路和玉皇路。

· 五区：依据分区功能从南到北分别为生态涵养保植区、特色城镇居住区、移民经济产业区、旅游度假休闲区和玉皇道观文化区。

产 · Industry

一、问题

· 长期以来我国奶牛养殖业以散养为主，规模化程度低，导致了我国原奶品质较差和农户收益较低等问题。规模化奶牛养殖是解决奶源安全问题的有效途径。

二、资源

· 本项目所在地属于浅山丘沟壑区，四季分明，气候温和，光、热、水资源丰富，有利于农、林、牧业发展。项目区内可提供劳动力 8 000 多人，劳动力资源丰富。所以本项目基地十分有利于奶牛养殖业发展。

三、国策

· 国家先后出台了《中共中央国务院关于积极发展现代农业扎实推进社会主义新农村建设的若干意见》等一号文件，并且加大了中央预算内投资，支持存栏数 300 头以上的标准化规模奶牛养殖场（小区）建设项目，补贴力度进一步加大。

四、举措

· 乾县努力打造畜牧业现代园区，发展高产、高效、高质奶牛养殖示范区，加强奶牛良种繁育体系建设，提高良种普及率，推广精粗料营养搭配饲喂技术和奶牛数字化管理系统。

五、产出

· 规划区预计养殖规模达到年存栏奶牛 10 000 头，年产鲜奶产量 54 400 t，有机固体肥料 3 780 t，液体肥料 126 000 t。

六、需求

· 随着人们生活方式的转变，我国人民更加重视饮食营养和健康，对乳制品的市场需求量也就日益旺盛。奶制品需求的巨大市场空间，加大了对原奶的需求量，大力发展奶牛养殖场同时加强奶源基地的建设也就成为乳制品产业发展的必然趋势。

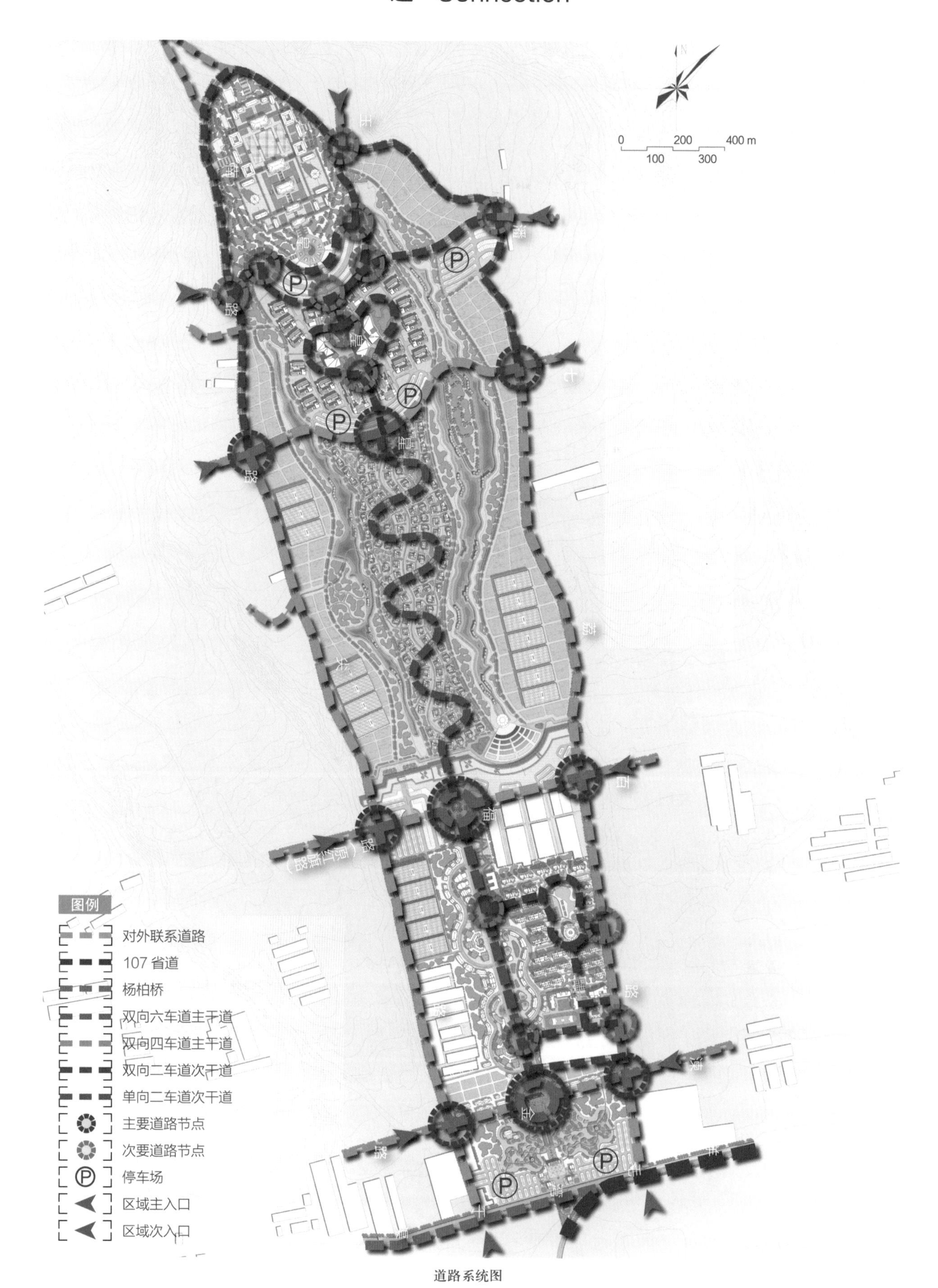
0
200
400 m
100
300
图例
对外联系道路
107 省道
杨柏桥
双向六车道主干道
双向四车道主干道
双向二车道次干道
单向二车道次干道
主要道路节点
次要道路节点
停车场
区域主入口
区域次入口

道路系统图

核心区主要街景透视图

关中风情实景演出剧场

总体鸟瞰图一

总体鸟瞰图二

4 江西省南昌市新建县马兰圩综合社区·概念性规划设计
Concept Planning of Malanwei Residential Quarters, Xinjian County, Nanchang, Jiangxi, 2013

岛栖 / Habitat

- 业主 / Client：
  东方鑫泰置业（赣州）有限公司 / Dongfang Xintai Real Estate Development
- 时间 / Time：
  2013.09
- 合作者 / Cooperator：
  刘洋 / LIU Yang

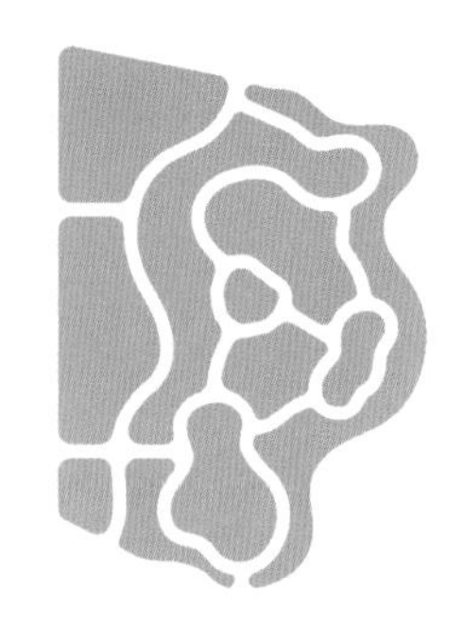

状 · Site

卫星照片总平面图

· 项目地块位于江西省南昌市新建县，北接新建县文化大道，西临规划道路，南与礼步湖隔环湖路相望，东毗南昌绕城高速，规划面积为 40.0 hm^2（600 亩）。基地区域内水丰陆稀，鸟类和水生物种品类繁多，保留着原生态的自然环境与植被地貌。

意 · Connotation

朝涉白水源，暂与人俗疏。岛屿佳境色，江天涵清虚。

目送去海云，心闲游川鱼。长歌尽落日，乘月归田庐。

——[唐]李白·《游南阳白水登石激作》

释 · Interpretation

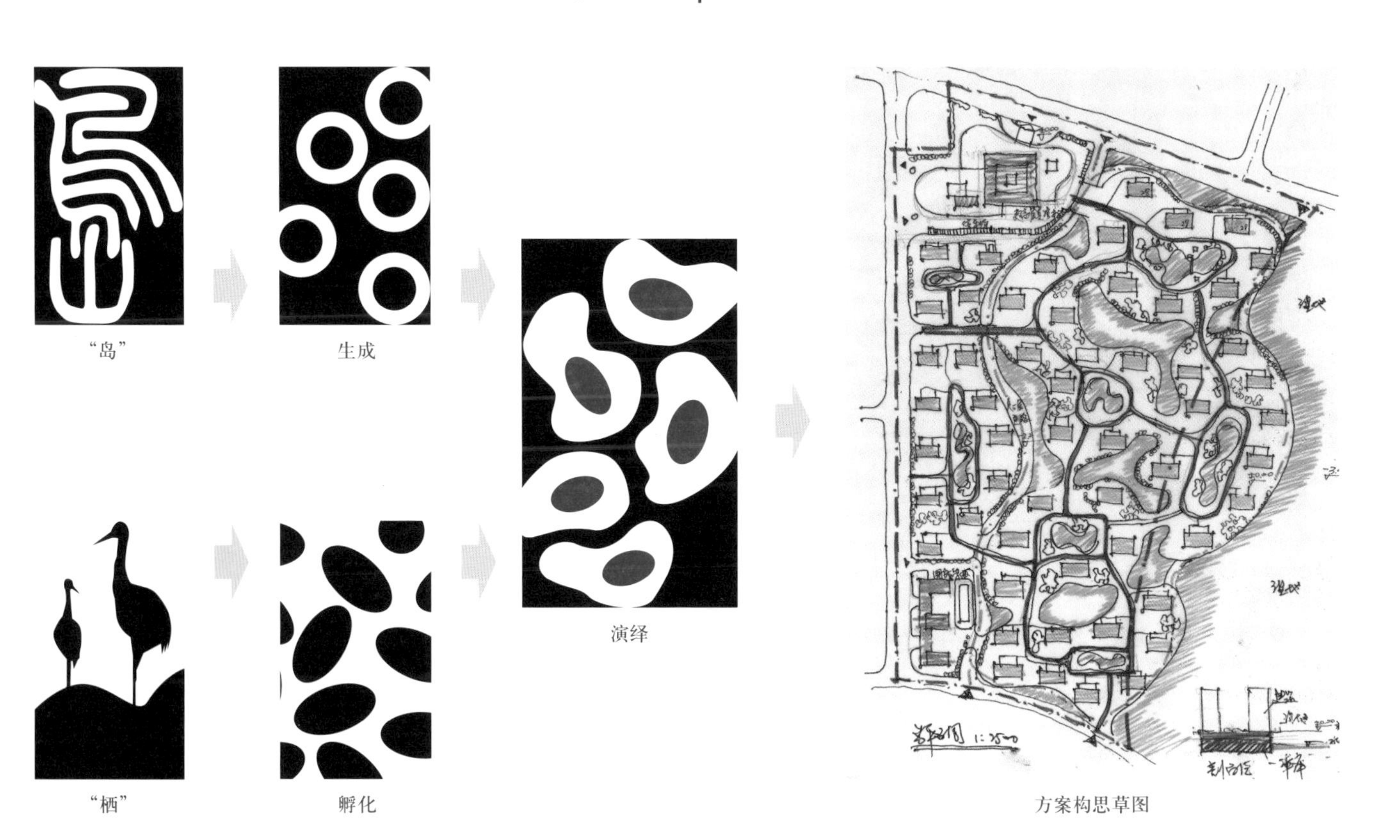

"岛"　生成　演绎　方案构思草图

"栖"　孵化

文 · Text

· 规划设计主题为岛栖。岛释义为四面环水的陆地，"岛"字含山从鸟，表示水中有山，可供鸟儿栖止的意思；"栖"含义为太阳西下，鸟儿归巢。

· 马兰圩，南昌都市西侧的一片湿地和绿肺，在人与自然的岛栖共生中呼吸和滋养。在创建和延展湿地功能的基础上，通过岛栖模式提供多样化的生态系统，创建人、岛、栖和居的都市天堂。

· 岛栖项目规划聚水纳气，因地取势，以岛为设计形态，以栖为创意魂魄，岛居栖，栖立岛，岛栖共荣，人意为尊。规划布局将陆地和现有水态融会贯通，以水分岛，以岛揽水，将浮于水面的岛屿组成了五大居住组团，每个组团由路网桥接通衢，并有各自的中心绿地和水岸西汀。

· 岛栖项目的道路系统分为社区主干道、社区次干道、组团道路和宅间小路四级，构筑起整体的交通网络系统。居住社区总体布置四个机动车出入口，行车路线置于同城市干道同一标高的地下一层，近水有景，人车分流。地下一层既是车行出入口，也是主要停车场空间，而一层地面道路为非机动车道和人行道路，除消防车和急救车之外，限制机动车行驶。岛栖交通规划策略是车流与人流分离、商业和居住分离和居住组团岛之间相互隔离。

· 岛栖项目北侧紧邻城市主干道，是区域通往城市的门户节点，规划在此布置一栋超高层酒店式公寓，通过裙房的综合设计形成区域商业中心。西南沿街地块与居住区隔路相连，此处布置一所高级中学和一家医院，形成社区公共服务中心。

层 · Layer

水系 Water

路径 Path

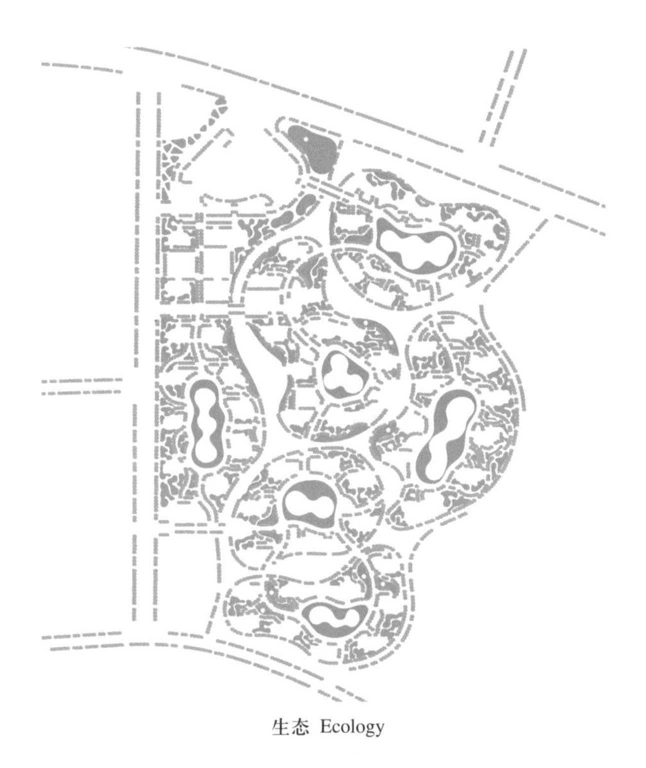

生态 Ecology

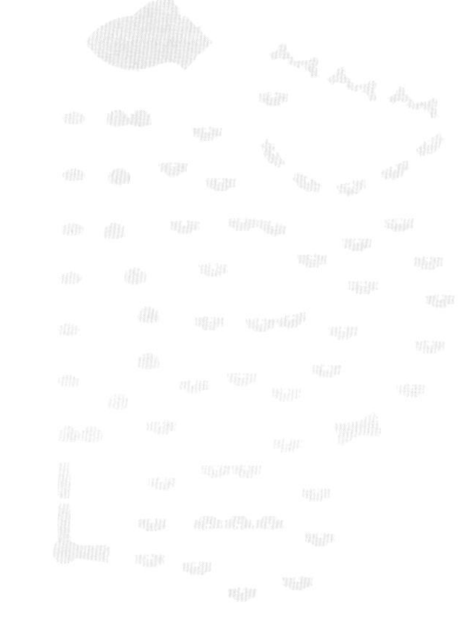

建筑 Architecture

东立面图

西立面图

北立面图

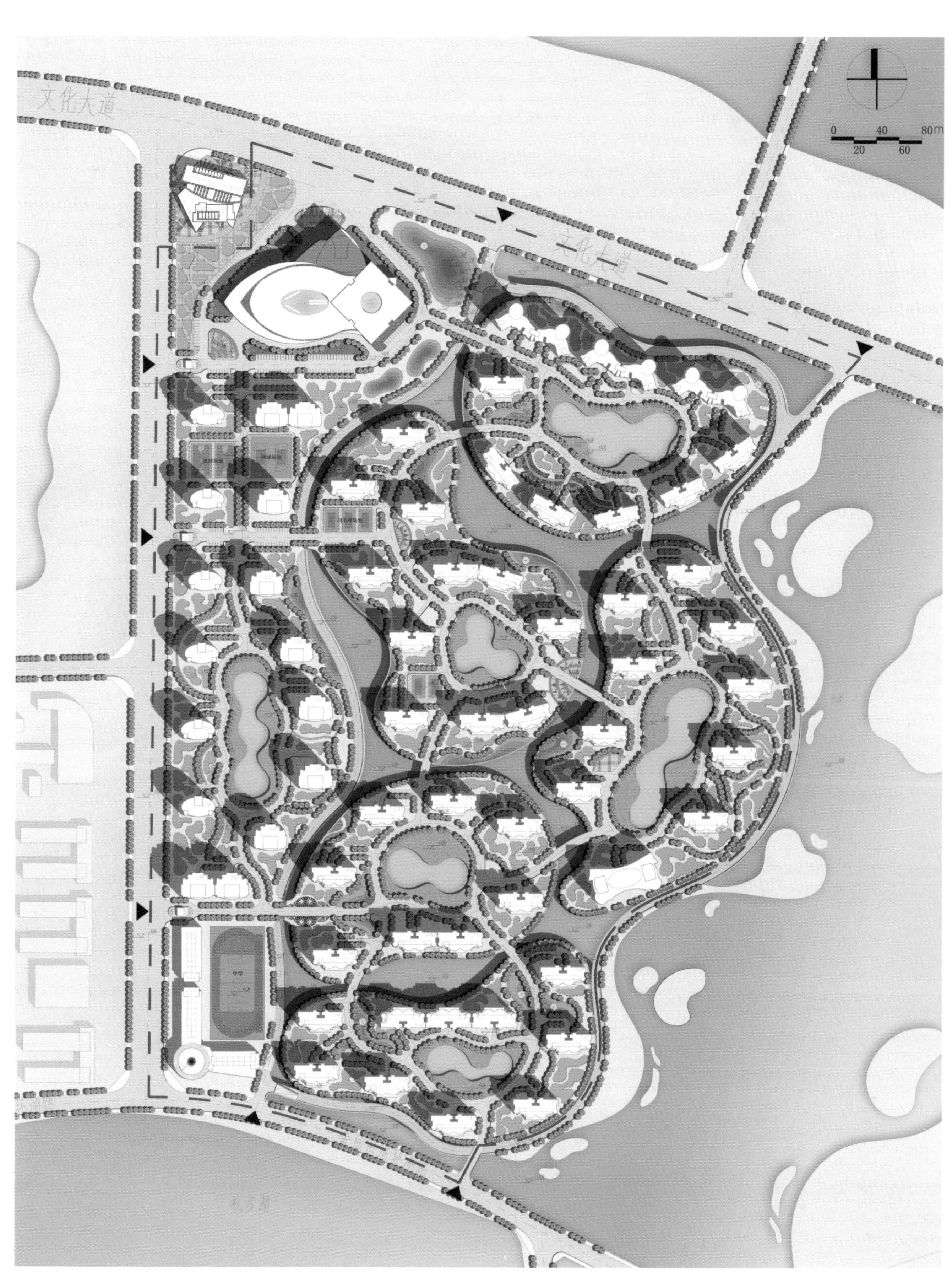

总平面图

额 · Quota

经济技术指标

<table>
<tr><th>序号</th><th colspan="3">项目</th><th>数值</th><th>比例</th></tr>
<tr><td>1</td><td colspan="3">规划总用地面积</td><td>40.0 hm^2</td><td>–</td></tr>
<tr><td rowspan="9">2</td><td colspan="3">总建筑面积</td><td>120.0 万 m^2</td><td>–</td></tr>
<tr><td rowspan="8">其中</td><td colspan="2">住宅面积</td><td>85.8 万 m^2</td><td>–</td></tr>
<tr><td rowspan="2">其中</td><td>住宅套数</td><td>6 900 套</td><td>–</td></tr>
<tr><td>居住人口</td><td>2.2 万人</td><td>–</td></tr>
<tr><td colspan="2">公寓面积</td><td>14.1 万 m^2</td><td>–</td></tr>
<tr><td colspan="2">酒店面积</td><td>12.2 万 m^2</td><td>–</td></tr>
<tr><td colspan="2">中学面积</td><td>2.1 万 m^2</td><td>–</td></tr>
<tr><td colspan="2">其他</td><td>5.8 万 m^2</td><td>–</td></tr>
<tr><td colspan="2"></td><td></td><td></td></tr>
<tr><td>3</td><td colspan="3">容积率</td><td>3.0</td><td>–</td></tr>
<tr><td>4</td><td colspan="3">绿地面积</td><td>16.0 万 m^2</td><td>40%</td></tr>
<tr><td>5</td><td colspan="3">建筑占地面积</td><td>6.3 万 m^2</td><td>16%</td></tr>
<tr><td>6</td><td colspan="3">道路面积</td><td>6.7 万 m^2</td><td>16.75%</td></tr>
<tr><td>7</td><td colspan="3">水域面积</td><td>6.1 万 m^2</td><td>15.25%</td></tr>
<tr><td>8</td><td colspan="3">其他面积</td><td>5.6 万 m^2</td><td>12.5%</td></tr>
<tr><td>9</td><td colspan="3">机动车停车位</td><td>8 200 个</td><td>–</td></tr>
<tr><td>10</td><td colspan="3">合计</td><td>–</td><td>100%</td></tr>
</table>

用地平衡表

<table>
<tr><th>序号</th><th colspan="2">项目</th><th>数值</th></tr>
<tr><td>1</td><td colspan="2">规划总用地面积</td><td>40.0 hm^2</td></tr>
<tr><td rowspan="4"></td><td rowspan="4">其中</td><td>住宅占地面积</td><td>2.44 万 m^2</td></tr>
<tr><td>公寓占地面积</td><td>0.47 万 m^2</td></tr>
<tr><td>商办综合体占地面积</td><td>1.99 万 m^2</td></tr>
<tr><td>中学占地面积</td><td>1.40 万 m^2</td></tr>
<tr><td rowspan="5">2</td><td colspan="2">总建筑面积</td><td>120.0 万 m^2</td></tr>
<tr><td rowspan="4">其中</td><td>住宅面积</td><td>85.8 万 m^2</td></tr>
<tr><td>公寓面积</td><td>14.1 万 m^2</td></tr>
<tr><td>商办综合体面积</td><td>18.0 万 m^2</td></tr>
<tr><td>中学面积</td><td>2.1 万 m^2</td></tr>
<tr><td>3</td><td colspan="2">绿地面积</td><td>16.0 万 m^2</td></tr>
<tr><td>4</td><td colspan="2">建筑占地面积</td><td>6.3 万 m^2</td></tr>
<tr><td>5</td><td colspan="2">道路面积</td><td>6.7 万 m^2</td></tr>
<tr><td>6</td><td colspan="2">水域面积</td><td>6.1 万 m^2</td></tr>
<tr><td>7</td><td colspan="2">其他用地面积</td><td>5.6 万 m^2</td></tr>
</table>

视 · Vision

局部透视图一

局部透视图二

总体鸟瞰图

5 陕西省咸阳市礼泉县核心区城市更新·城市设计

Urban Design of Liquan Core Area Renewal, Xianyang, Shaanxi, 2013

脉动 / Pulse

- 业主 / Client：
  礼泉县人民政府 / Liquan People’s Government
- 时间 / Time：
  2013.07
- 合作者 / Cooperator：
  刘洋 吴佳颖 王健 杨英舟 / LIU Yang, WU Jiaying, WANG Jian, YANG Yingzhou

状 · Site

- 礼泉县地处关中平原中部，地势西北高东南低，面积为 1 017 km^2，辖 5 镇 15 乡，距咸阳市区 35 km。
- 规划区域为礼泉县核心城区，包括中山街、南北大街、东大街、兴华街、建设路、312 国道（即西兰大街）和兴礼街七条主要干道。
- 中山街是礼泉县城新中国成立前唯一的主要街道，现路面宽度为 20 m。劳动路原名五七路，在填平原礼泉城南城壕旧址上改建而成，现路面宽度为 32 m。劳动路北侧为原县城城墙，该段城墙向东延长至第二中学对面接原礼泉城南门迎恩门。南北大街原名中心大街，道路控制宽度为 26 m。东大街原名市政街，路面宽度为 37 m。兴华街路面宽度为 20 m。建设路原名东环路，现路面宽度为 24 m。兴礼街路面宽度为 24 m。

意 · Connotation

风起池东暖，云开山北晴。冰销泉脉动，雪尽草芽生。

——[唐] 白居易 ·《早春独游曲江》

释 · Interpretation

· 脉于山为山脉，于水为水脉，于人乃人体气血运行之经脉。脉动就是像脉搏那样的周期运动和变化，意喻以此激活城市核心区复兴。

· 本案以穿越礼泉城市的灌溉水渠——三支渠为城市复兴之脉络，疏通渠道，引水助流，使其循渠而流，运载城市气血，输精送华以养礼泉。

山脉

泉脉

案脉

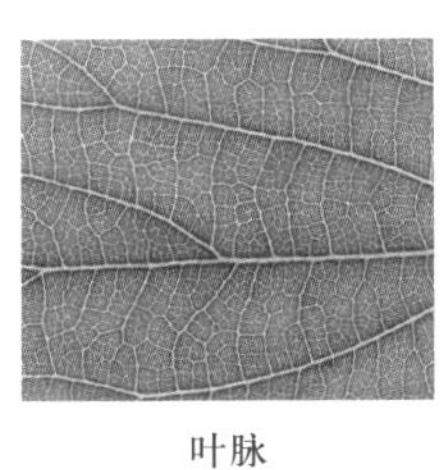
叶脉

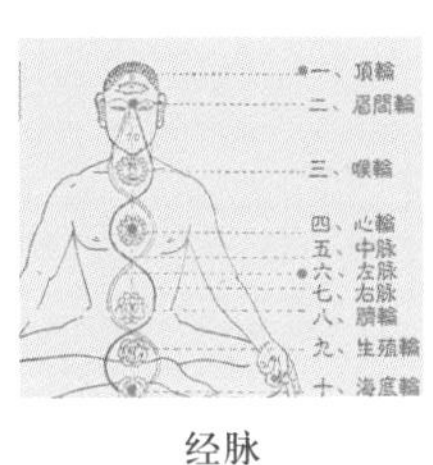
经脉

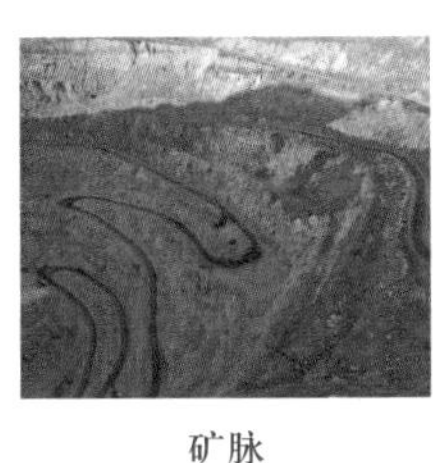
矿脉

塬脉

水脉

人脉

井脉

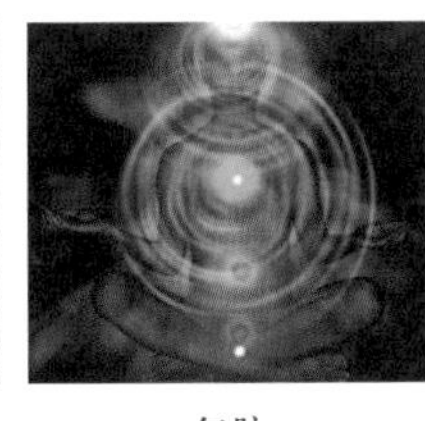
气脉

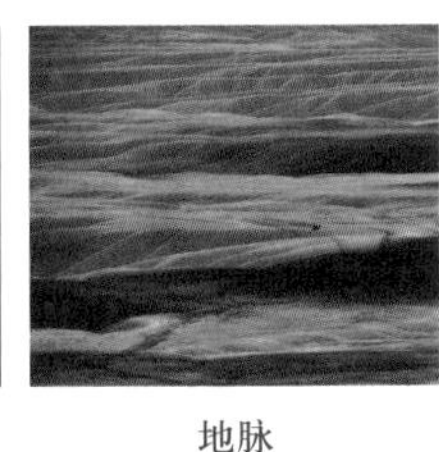
地脉

文 · Text

· 从古代围城筑邑到功能性城市的形成，再到城市化、城市郊区化、逆城镇化和再城镇化的变革演绎，城市的内涵随着岁月变迁自然转变。信息网络、空间交通和建筑技术的发展推进着城市的提升和改善，城市更新已经成为当下一项世界性的实践课题。城市有机更新是指控制适当的规模，采用合适的尺度，按照城市的新功能和新内涵，运用科学的空间规划和城市设计，柔性解决现有城市问题。

一、历史挖掘

· 通过对古地图和现有城市道路的比较研究，我们确定了明清时期的礼泉南门迎恩门的原址位置和南城墙走向，并进而证实现有的劳动路为古代的护城河填筑而成的史实，这为规划设计确立了城市的历史文脉。

二、发展线索

• 城墙和城门是彰显礼泉古城存在肌理的重要资源，在拒绝复建城墙和城门以不制造假古董的理念下，规划借鉴现代国际上对古城修复的经验，提取古城门的历史性建筑元素和要件，用现代的建筑语言加以演绎，形成了具有传承特征的现代城门建筑和与之相配套的市民休闲广场。同时通过对迎恩门遗址的深度挖掘、古道和古树资源的梳理，形成礼泉特有的历史风貌街巷，并且采用智能导识系统设置、模型博览展示和考古图纸展示等手段，提供人们追思城市历史的博物文化场所。

三、渠道改造

• 三支渠是穿越礼泉城区的一条人工灌渠，因年久失修，垃圾淤塞，个别区段已被建筑占用。改造三支渠使其两岸成为休闲漫步的街巷，成为市民的殷切期盼。城市更新以整治三支渠为突破点，还清水于市民，还绿化于百姓，同时梳理沿渠部分地块，进行功能置换和腾笼换鸟。规划措施首先是清理渠道和两岸的废弃垃圾，疏通整条三支渠道。其次，以泥沟河为供水源头，将水源用泵站供水的方式输送至三支渠的高程点，使水流沿渠道流经城区后自由回流至泥沟河，形成一条城市循环水系统。最后，在三支渠的两侧开发步行商业街、特色餐饮业、主题旅馆业等业态功能，构建休闲、娱乐和餐饮互补互融的都市氛围。

四、地下空间

• 劳动路是礼泉最宽阔的一条街道，中间为绿化带，两侧商业氛围浓郁。对该段道路的更新，采取开发南大街至兴礼路的地下商业空间的方式，使之成为关中地区唯一的立体步行商业街。地下空间采用两层建筑形式，在步行街上设置九处商业点式建筑，增设座椅、绿化和装饰，使之成为礼泉市休闲购物的首选街区。步行地下商业街东侧连接迎恩广场的地下商业空间，通过下沉式广场疏散客流。步行街和迎恩广场浑然一体，运用线面结合的空间设计手法，既增加城市商业空间的面积，又立体疏导城市人流。迎恩广场的地下停车库系统性地解决城市停车难的问题，而周边商业和住宅开发地块更能够为城市带来人气活力。

五、慢行系统

• 慢行系统包括步行、自行车和公共交通道路系统以及与之相配套的街头广场、绿地公园和自行车停放或者租赁点。礼泉城市更新规划以三支渠整治为契机，打造渠岸步行系

城市功能布局图

规划街区范围

统和自行车道路系统，并设置四处自行车停放点。该慢行系统由四个城市广场绿地串联而成，完全禁止机动车通行，若干横跨渠道的艺术桥梁点缀其间，组成一幅当代关中城市的“清明上河图”。通过这条慢行系统的建立，进一步治理各类杂乱无章的广告牌和错乱交织的电线杆，倡导城市绿色出行，降低汽车尾气排放，构建绿色生态礼泉都市。

六、宗地评估

· 在城市有机更新的规划中注重梳理可用于开发的建设宗地，使政府能够将规划成果直接用于土地招商。礼泉城市更新对规划范围内的每一个地块都进行了详细的投资静态分析，包括可建建筑面积、土地成本、总投资额、营销成本、租赁收益和效益分析。这样的规划内容打破了城市规划只有用地性质的色块没有建筑形态和市场要素的传统城市规划模式，让政府看得到成效，让开发商看得到价值，让市民看得到形态，让城市看得到未来。

质 · Quality

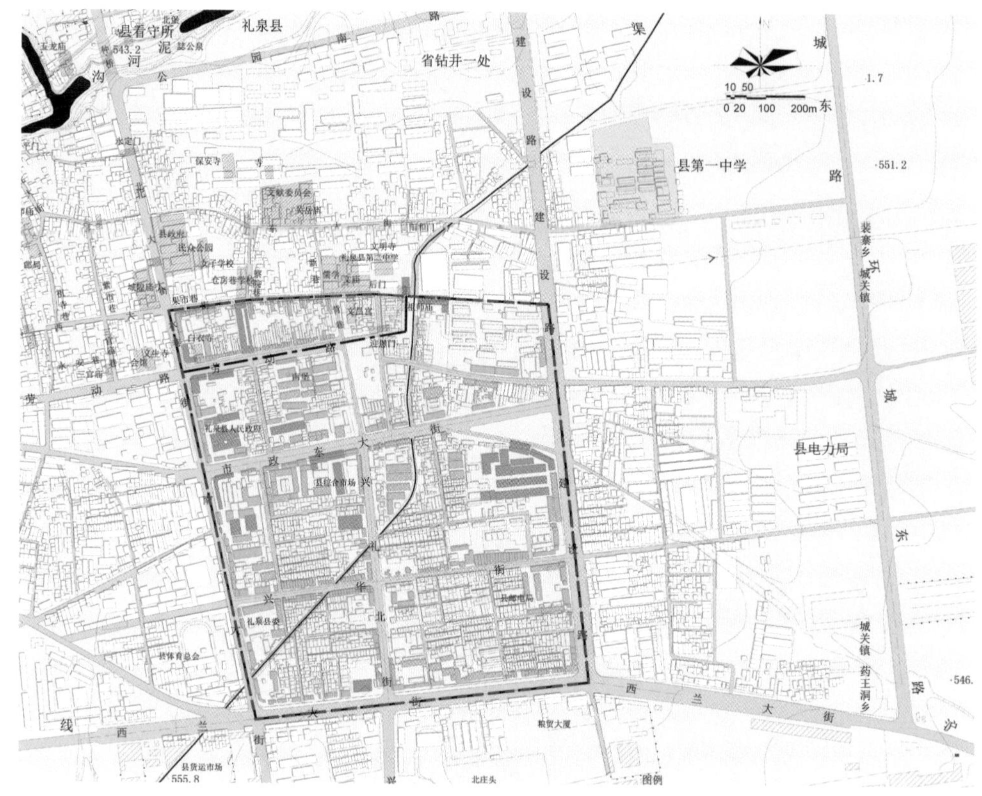

建筑质量现状图

技 · Technology

供电管线图

肌 · Texture

· 肌理是指物体表面的组织纹理结构。城市肌理是城市的特征，包括形态、质感、路网、街区和建筑等。

· 城市肌理反映城市本体。礼泉县核心区是城市文化历史的重要载体，本案立足礼泉城市原有格局，保留城市原有的肌理模式，尊重历史原貌，并在此基础上对城市格局进行有机的梳理。

礼泉县核心区肌理构成图

构 · Structure

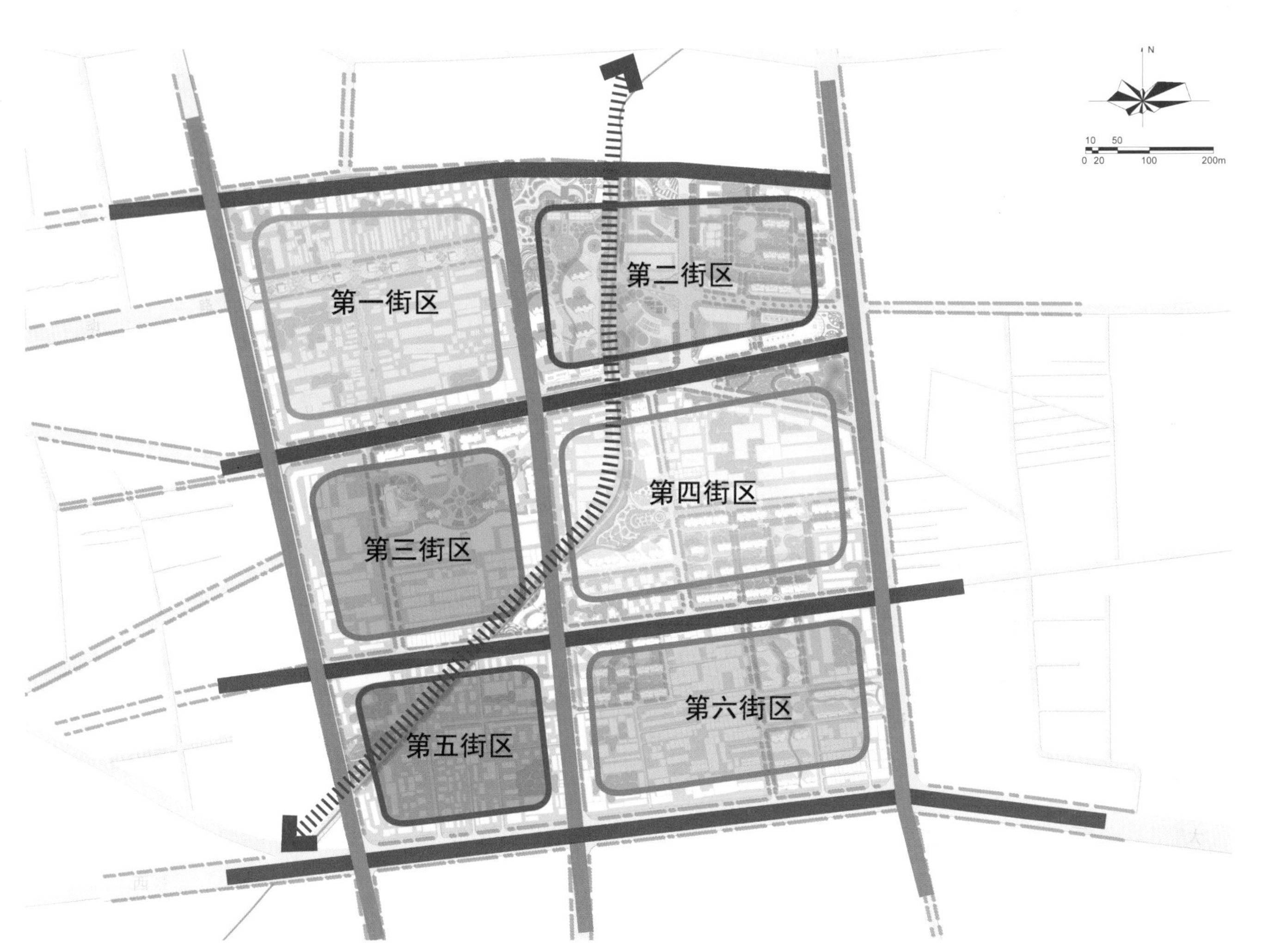

规划结构图

局 · Plan

· 城市格局绘就着城市发展，城市肌理表达着城市精神。礼泉县核心区的形成和演变以城市格局为表征，以城市肌理为衬底，展现了这座城市悠久的历史文脉和厚重的文化底蕴。礼泉城市更新规划立足于城市既有格局，在保持城市原有风貌特征和特色肌理的基础上，对城市进行有机的梳理，并融入新的功能内涵。

· 总体规划采用“一脉、三纵、四横、六区、二十二宗地”的结构形式。一脉是指穿越规划区域的三支渠；三纵是指从西向东顺序的南北大街、兴礼街和建设路；四横是指从北向南顺序的中山街、劳动路、东大街和西兰大街；六区是指按从北向南顺序划分的第一街区至第六街区；二十二宗地是指规划梳理出来的22幅宗地。

总平面图

总体鸟瞰图一

透视图

总体鸟瞰图二

· 城市规划的最终目的是使规划内容得以落地实施，使城市功能得以更新提升，使城市经济得以跨越前行，使城市社会得以转型发展，使居民生活得以改善超越。城市规划的成果不应只是汇报说说和墙上挂挂，而应当落实到切实推进城市发展的方方面面。在进行礼泉县城市核心区复兴计划规划设计的同时，规划团队根据前期调研收集到的礼泉城市发展变迁的资料，研发绘制出礼泉县3D古地图，无论是公元1699年的清康熙礼泉县治之图，还是公元1783年的礼泉县境图，无不荡漾着深厚博广的城遗史脉。它于历史记录着一段城市瞬间，于今天展现着一幅城市演绎，于未来述说着一曲城市脉动。期冀该古地图能够把旅游和考古爱好者带入寻古探幽的遥远时代，去领略经纬城垣的古都遗风。

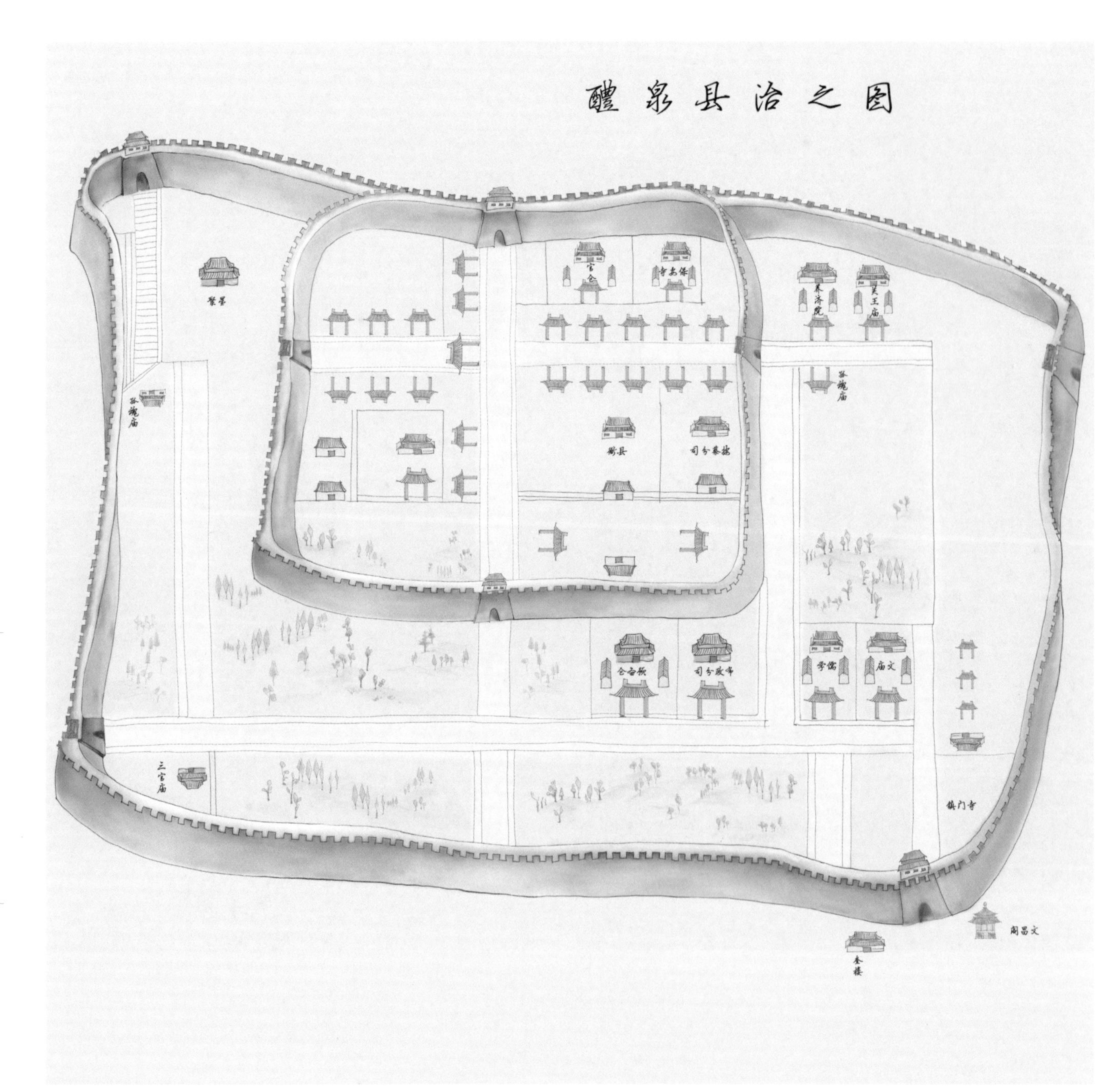

清康熙三十八年礼泉县治立体地图（参考资料：《裘志》1699年）

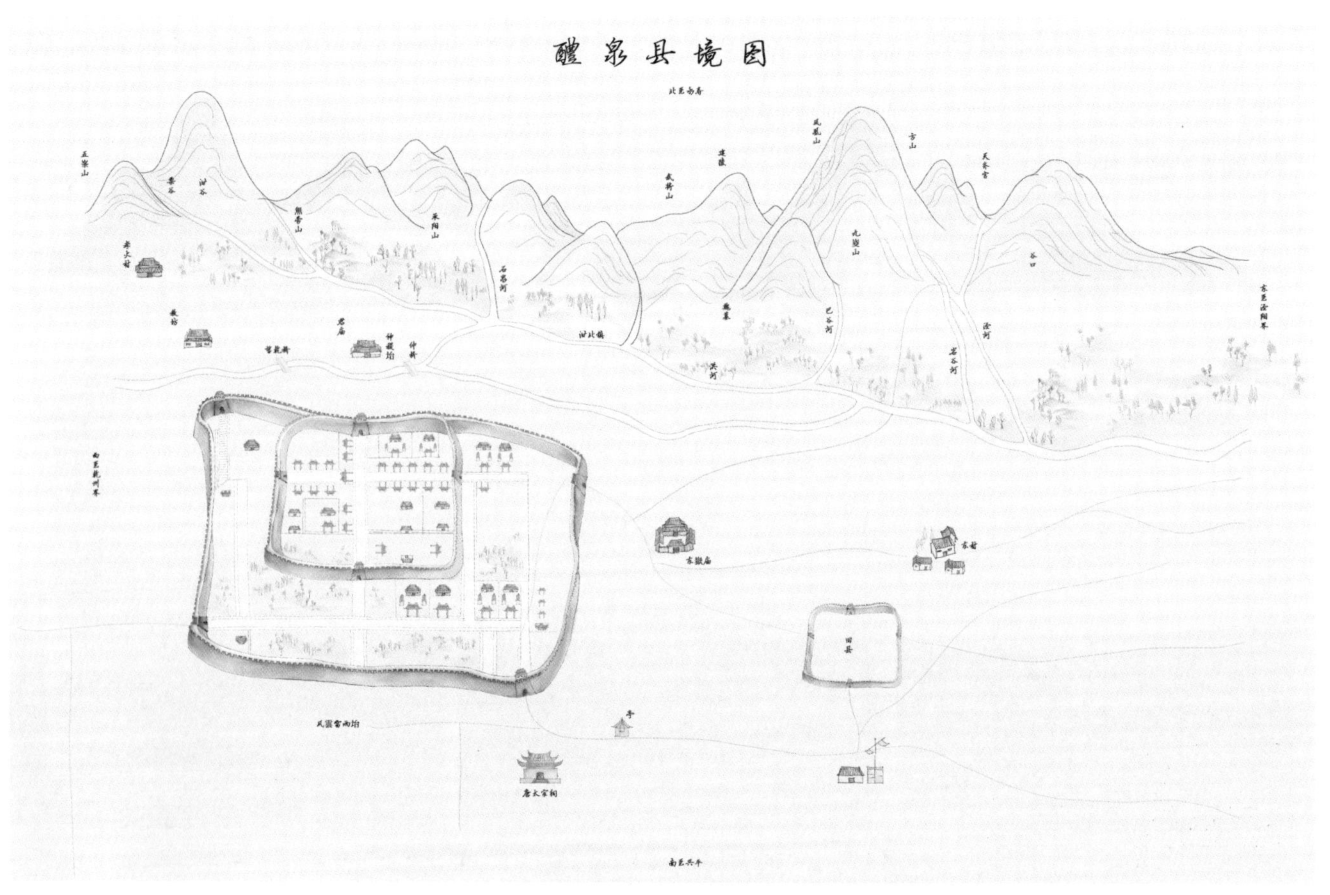

清乾隆四十八年礼泉县境立体地图（参考资料：《蒋志》1783 年）

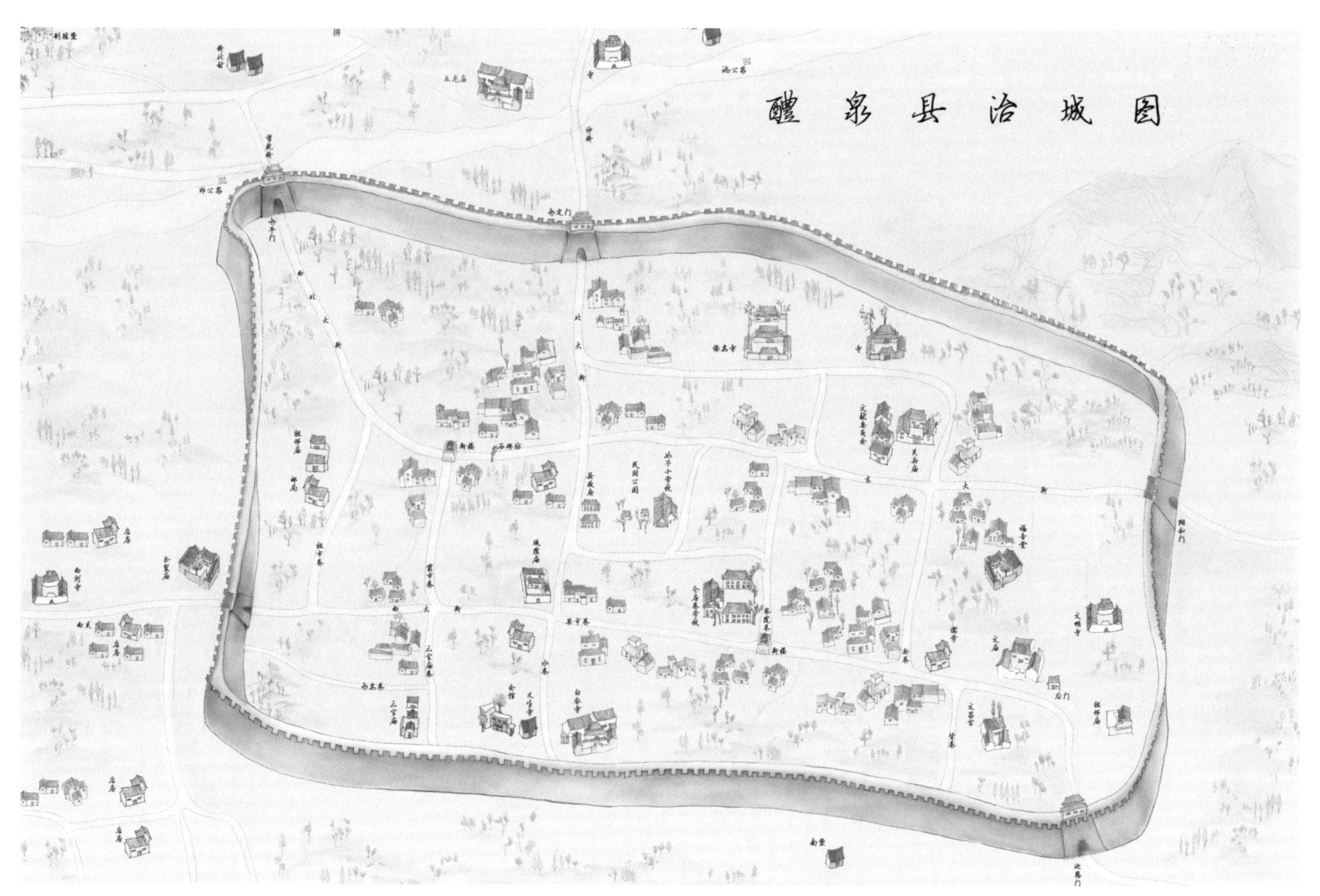

民国二十四年礼泉县治城立体地图（参考资料：《邵志》1935 年）

6 陕西省咸阳市礼泉县白村城乡统筹新型社区·修建性详细规划
Constructive Detailed Planning of Baicun New Residential Quarters, Liquan County, Xianyang, Shaanxi, 2013

农筑 / Agr-architecture

- 业主 / Client：
  礼泉县人民政府 / Liquan People's Government
- 时间 / Time：
  2013.05
- 合作者 / Cooperator：
  刘洋 吴佳颖 / LIU Yang, WU Jiaying

状 · Site

· 白村隶属陕西省礼泉县西张堡镇，地处关中平原腹地，地势平坦，交通便利，毗邻312国道和唐昭陵旅游专线。白村辖7个村民小组，有农户420户，人口1 890人，其中劳动力952人。全村土地总面积313.33 hm^2（4 700亩），其中耕地总面积226.67 hm^2（3 400亩），人均耕地0.12 hm^2（1.8亩）。

· 白村城乡统筹新型社区位于白村、东寨村、草滩村三个自然村落中央位置，总规划面积 33.61 hm^2（504.15 亩）。基地现状以农田为主，东面以一条纵贯草滩村的村级道路为边界，基地的南向、西面、北侧没有现状道路。项目基地地势平坦，堪舆俱佳，易于建村。

意 · Connotation

莫笑农家腊酒浑，丰年留客足鸡豚。山重水复疑无路，柳暗花明又一村。

——[南宋] 陆游 ·《游山西村》

释 · Interpretation

· 白村，关中地区典型的以第一产业为主导经济的村落，其年产值的95%以上依托种植业和养殖业。苹果、桃子、梨、枣、小麦、猪、牛、羊都是村民们的经营要素，以“农”为社区的主题，最能体现本案特色，“筑”意为“筑垒于斯”和建筑空间，白村新型社区以农业产业为设计主题，将传统民居元素融入建筑表现的层面，旨在打造具有关中民俗特色的现代农村居住社区。

境 · Environment

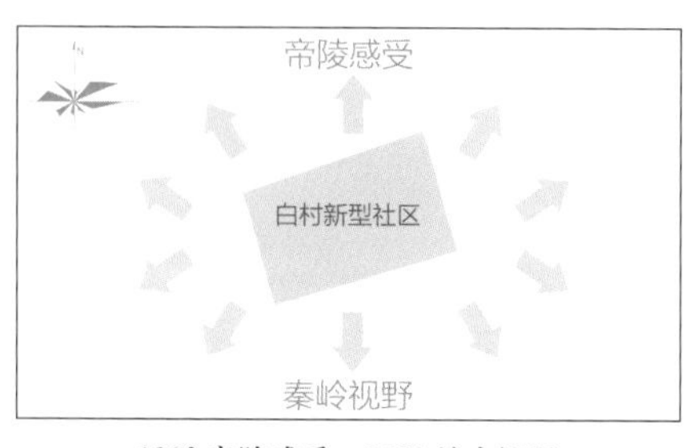

180° 帝陵感受，360° 关中视野

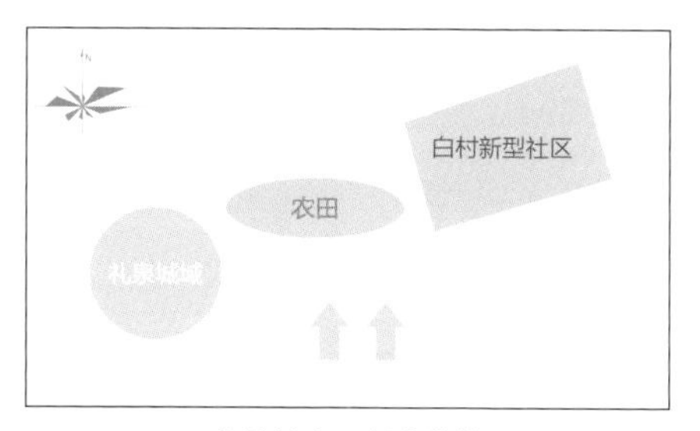

主导风向，风水兼具

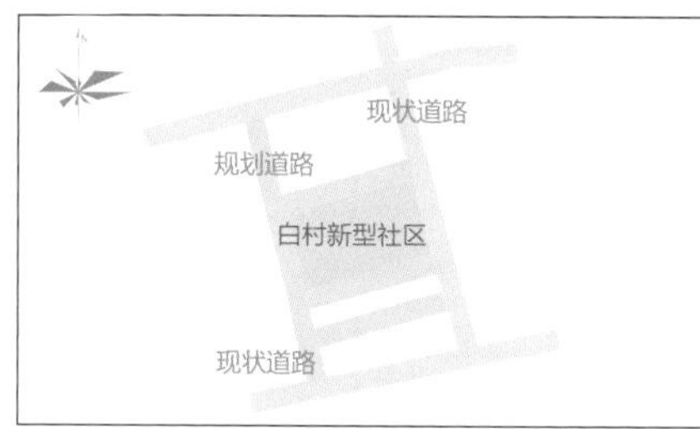

交通骨架，人流汇聚

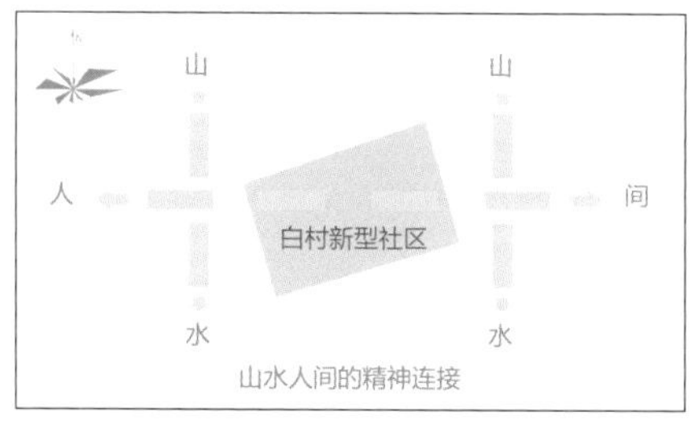

关中腹地，九峻脉南

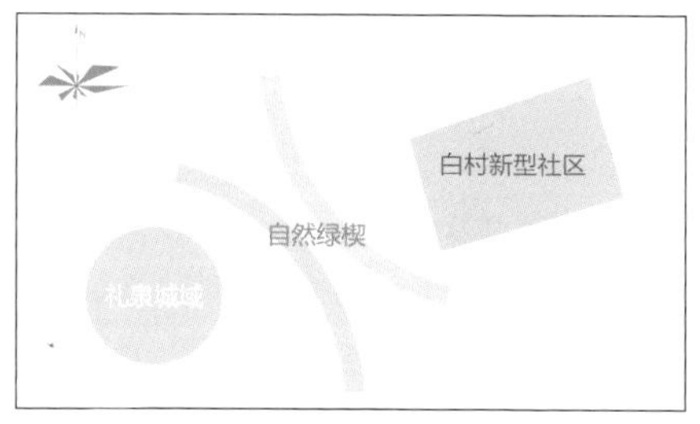

城区城镇，城乡统筹

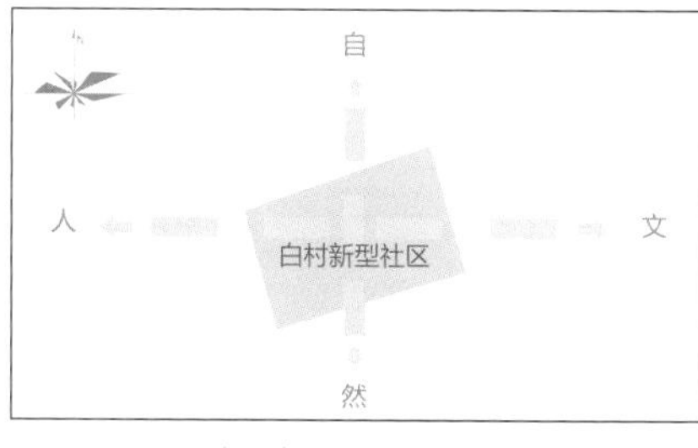

自然轴线，人脉构建

局 · Plan

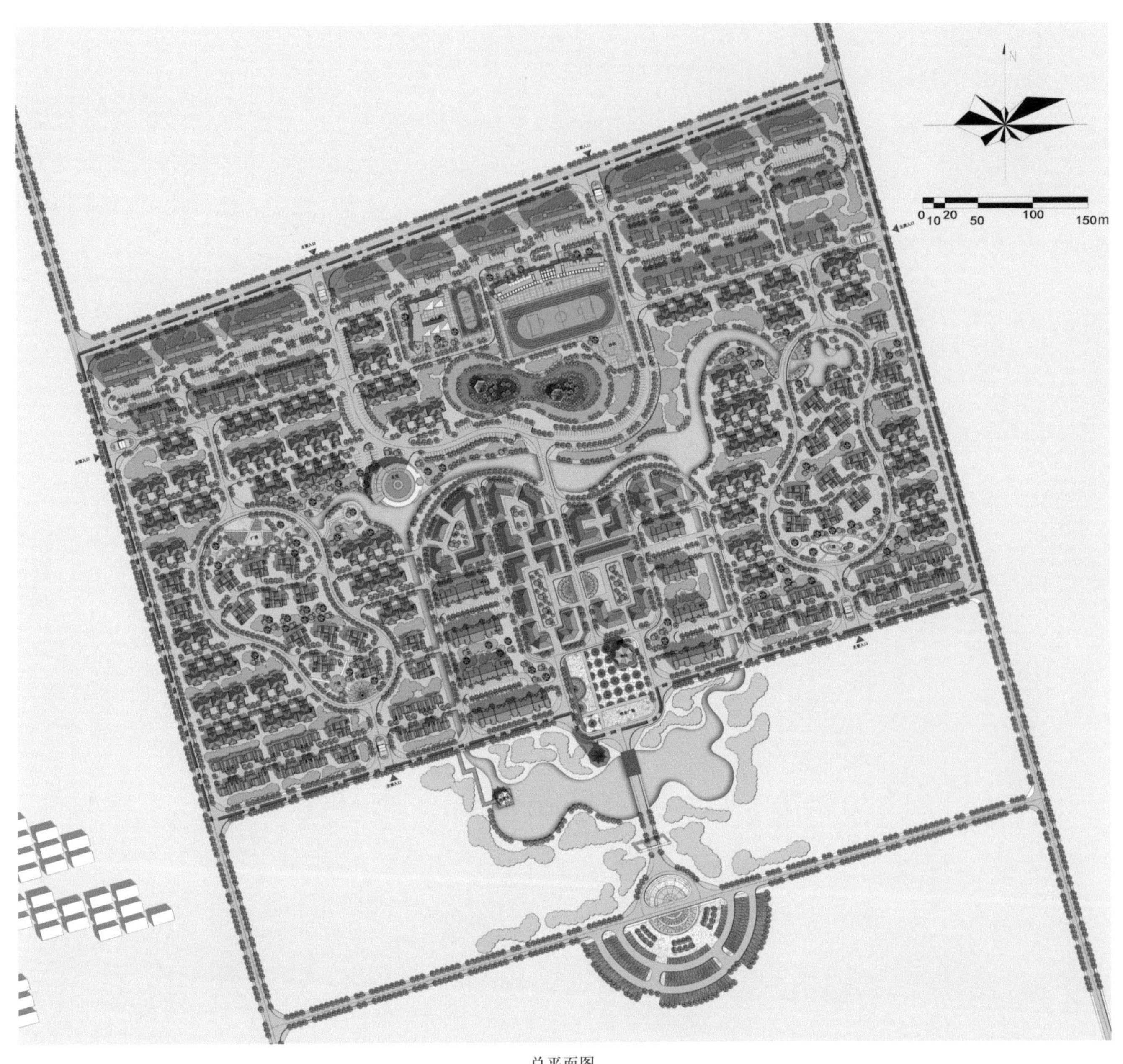

总平面图

构 · Structure

· 项目为“一轴、两心、四段和五区”的规划布局体系。一轴是指将域脉、城脉和宅脉融汇合一的梦起白村轴线，它穿越社区金水桥和村民广场，通过商业街区、圆梦山、小学幼儿园和高层住宅，收尾于关中大地。两心是指中轴线东西两侧的农民居住核心社区，西侧冠名美好生活，东侧冠名幸福家园，居住核心区内景色旖旎，是农村新型社区的理想家园。四段是指从北向南按照功能语义划分的四个东西向横段，分别是：福祉大地、人间天堂、康庄大道和田园风光。五区是按照总体布局划分的功能区，由北向南分别是：公共配套区、商旅聚集区、美好生活区、幸福家园区和旅游集散区。总体建筑体量布局北高南低、坐北向南。登临圆梦山颇有“登高而招，臂非加长也，而见者远”的壮美气概。

额 · Quota

经济技术指标

编号	项目		数值	单位
1	规划用地		33.61	hm^2
2	总建筑面积		27.34	万 m^2
	其中	地上建筑面积	–	–
		地下建筑面积	–	–
3	建筑基地面积		10.23	万 m^2
4	建筑密度		33.5	%
5	容积率（不含地下）		0.76	–
	绿地率		40.52	%
6	总户数		1 505	户
7	总人口（按每户 4 人次计算）		6 020	人
8	停车位（按 0.67 个 / 户计算）		6 020	个
	其中	公共停车位	675	个
		私家停车位	334	个
9	住宅建筑面积		22.10	万 m^2
	11 层住宅面积		8.25	万 m^2
	其中	标准层面积	345.16	m^2
		数量	22	栋
	2+2+2 层住宅面积		3.82	万 m^2
	其中	标准层面积	254.96	m^2
		数量	25	栋
	4+1 层住宅面积		2.28	万 m^2
	其中	标准层面积	206.83	m^2
		数量	22	栋
	双拼别墅		1.37	万 m^2
	其中	标准层面积	229.00	m^2
		数量	30	栋
	联排别墅（1）		5.27	万 m^2
	其中	标准层面积	440.00	m^2
		数量	101	栋
	联排别墅（2）		1.01	万 m^2
	其中	标准层面积	139.62	m^2
		数量	36	栋
10	商业建筑面积（基地面积）		2.14	万 m^2
11	公共建筑面积（基地面积）		1.23	万 m^2
	其中	小学（基地面积）	1.04	万 m^2
		幼儿园（基地面积）	0.43	万 m^2
		礼堂（基地面积）	0.25	万 m^2
		其他（基地面积）	0.15	万 m^2
12	道路面积		8.57	万 m^2
13	水域面积		1.19	万 m^2

面 · Facade

东立面图

南立面图

透视图一

透视图二

透视图三

总体鸟瞰图

7 陕西省咸阳市礼泉县滨湖新区 · 概念性规划设计

Concept Planning of Binhu New District, Liquan County, Xianyang, Shaanxi, 2013

梦迹 / Dream

- 业主 / Client：
  礼泉县人民政府 / Liquan People’s Government
- 时间 / Time：
  2013.05
- 合作者 / Cooperator：
  刘洋 吴佳颖 王健 / LIU Yang, WU Jiaying, WANG Jian

状 · Site

卫星照片总平面图

- 规划范围以现有的县域干道、乡间道路和县界为基础，东侧紧邻108省道和216县道，南侧以薛家村支路水平延伸至108省道为界限，西侧以乾县边界为红线，北侧以跨泔河的公路桥梁为边界，规划面积为13 km^2。
- 规划范围内包括双河村、陈家村、新农村、荀家村、杨家村、朱家店、东徐村、西徐村、张家村、皇甫村、薛家村等行政村落，还包括216县道、关中环线、108省道、福银高速公路等不同等级的道路系统。

意 · Connotation

黄花古城路，上尽见青山。桑柘晴川口，牛羊落照间。

野情随卷幔，军士隔重关。道合偏多赏，官微独不闲。

鹤分琴久罢，书到雁应还。为谢登龙客，琼枝寄一攀。

——［唐］卢纶 ·《和李使君三郎早秋城北亭楼宴崔司士因寄关中弟张评事时遇》

释 · Interpretation

梦境　梦幻　梦想　光迹　古迹

梦 + 迹

梦蝶　梦寐　轨迹　墨迹　星迹

果　山　窑　塬

要 

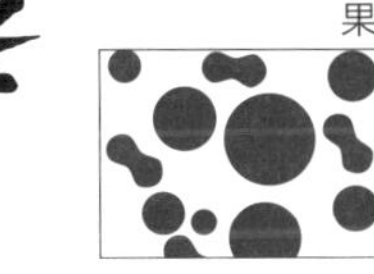
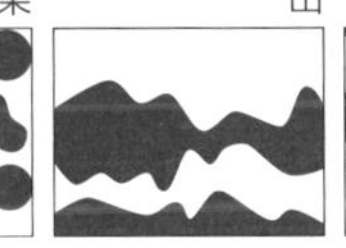
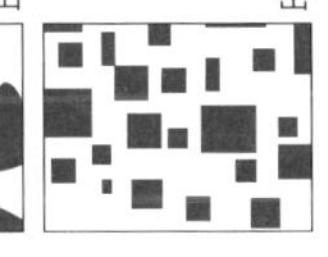
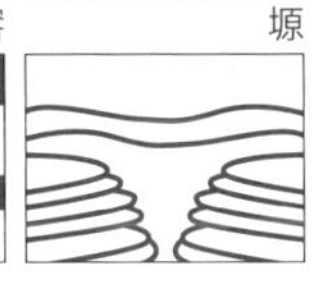

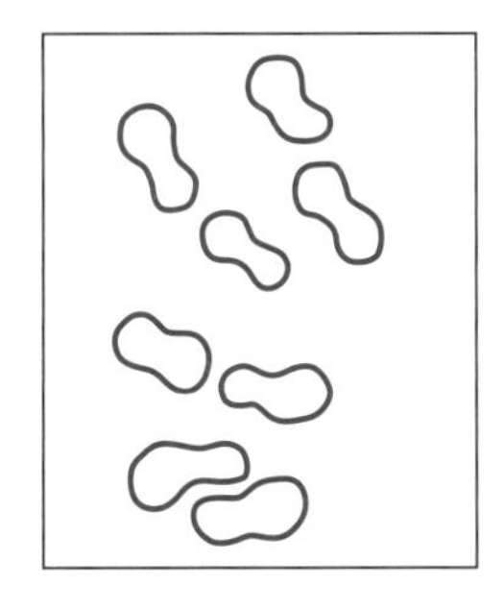
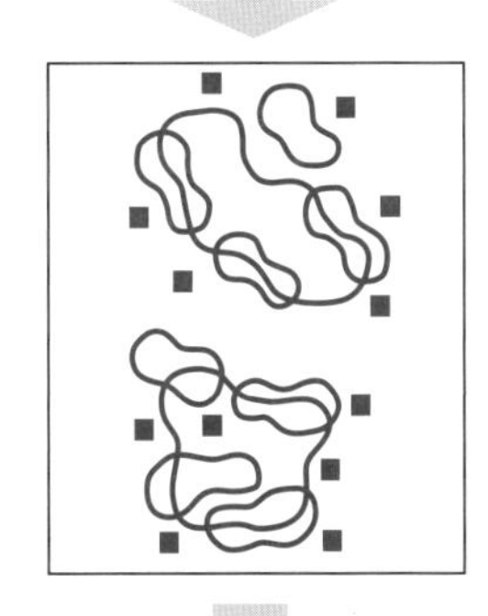
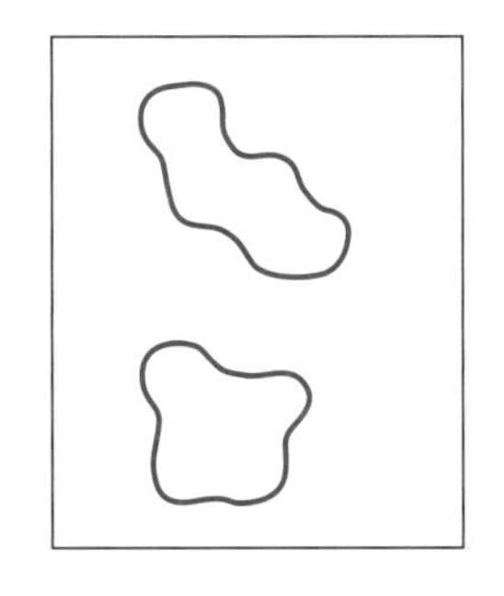

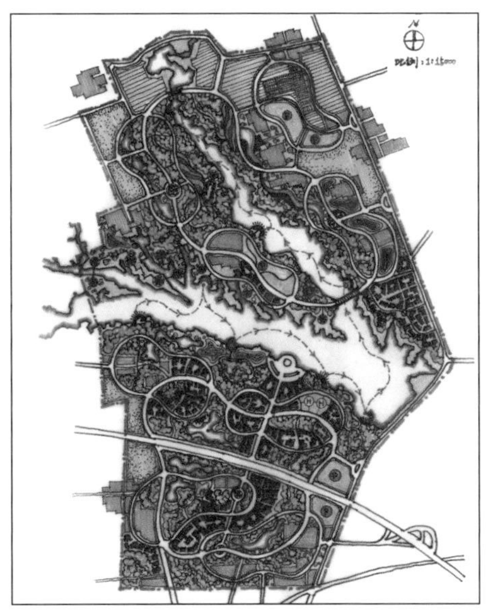

方案构思草图

一、空间战略

1. 生态农业产业园

· 在保护和改善区域传统农业生态环境前提下，遵循生态学和生态经济学的发展规律，运用系统工程方法和现代科学技术，获得经济效益、生态效益和社会效益。

2. 滨湖生态度假区

· 以保护生态环境为前提，可持续发展为理念，特色的生态环境为主要景观，统筹人与自然和谐为准则，依托区域良好的自然生态环境和独特的人文生态系统，打造集生态体验、生态教育、生态认知于一体的旅游度假区。

3. 滨湖慢行体验区

· 在保护区域特色的前提下，致力于人与自然的高度和谐，倡导自然的生活方式，强调在悠闲的生活节奏中回归自然的本质，并从中体会生命的真切含义。

4. 手工艺产业园区

· 因地制宜，就地取材，以低碳的手工生产方式作为企业经济利益增长点，减少对新区环境的污染。传统工艺品既是文化艺术品，又是日常生活用品，与人民生活息息相关。时尚手工展演能够提高游客的体验兴趣，其参与性更能够锻炼青少年的动手能力。时尚手工是一种休闲情绪，是一种自我陶醉。

5. 居住市政服务区

· 整个滨湖新区以生态理念为建设基准，使人们的居住空间与自然环境紧密结合，居住建筑以关中民居特色为设计元素，以当代建筑形态诠释新世纪关中民居特色。

二、规划结构

· 规划结构为“双环双轴”和“八脉八芯”。“双环”即双新城干道环线；“双轴”为新城双景观主轴；“八脉”即城市 8 个城市次要干道构成的历史文脉；“八芯”为城市次要干道所围合的 8 个功能组团。

三、单元活化

· 滨湖新区规划充分利用原有村落布局，紧密配合新型城镇化建设的需要，以“八芯”为创意主题，以历史文脉为线索，展现关中地区从古到今的发展足迹。通过开发各具特色的历史片段，萃取人文精华，传承历史文化，让旅游休闲文化建设同村镇整合相同步、同城镇化发展相吻合、同生态文明相一致和同经济发展相协调。

四、政府策略

1. 基础设施配套

· 政府统一进行基础设施配套，并通过一系列文化设施和公共活动的供给，保证滨湖新区开发的旅游发展活力和持续动力。

2. 整体形象塑造

· 整合山水、陵湖、台塬和路宅的旅游资源，塑造“双环双轴”和“八脉八芯”湖滨新区形象，统一城市品牌的营销和推广。

3. 规范经营管理

· 设立滨湖新区管理委员会，统一协调、经营和管理滨湖新区的规划建设、旅游开发、休闲产业、招商引资和品牌营销，保证开发建设的质量和效能。

五、企业主体

· 在政府投入的基础上，更需要招商引资，依靠市场行为开发滨湖新区。规划结合山水资源特色，重点打造若干旅游休闲产业项目，形成世界级旅游核心产品。

通 · Connection

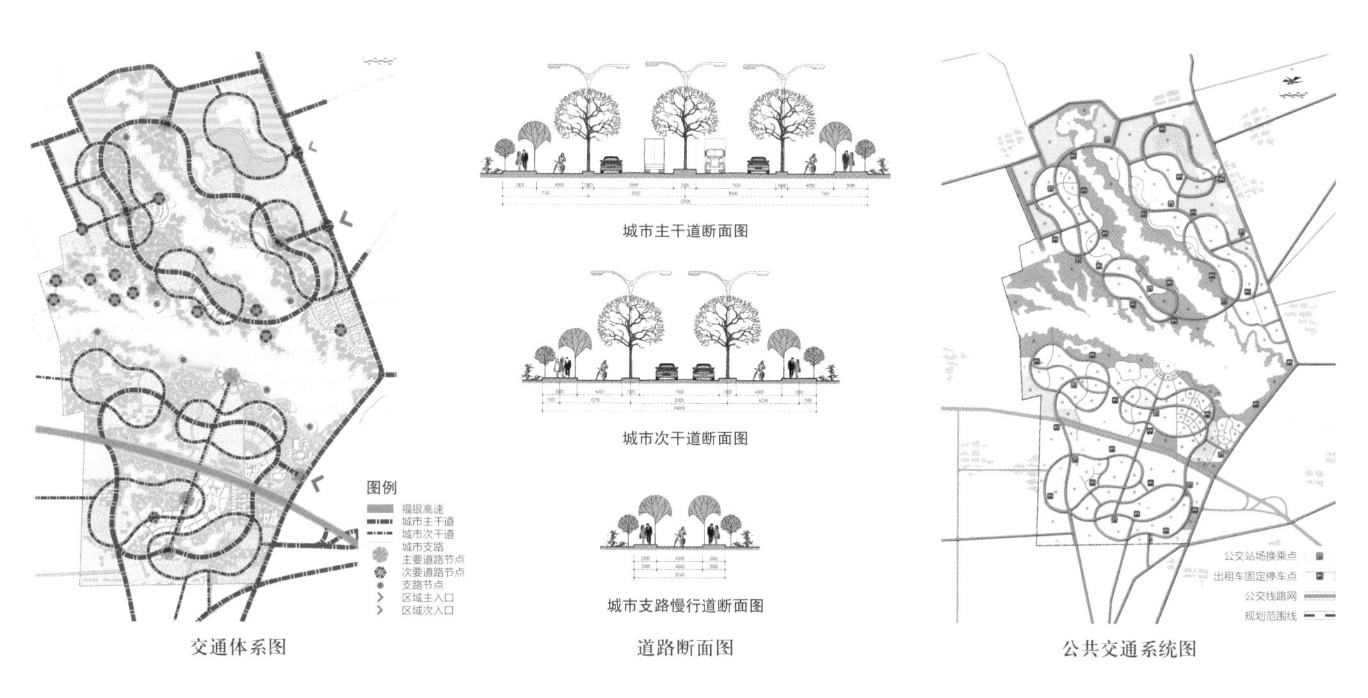

交通体系图　　道路断面图　　公共交通系统图

构 · Structure

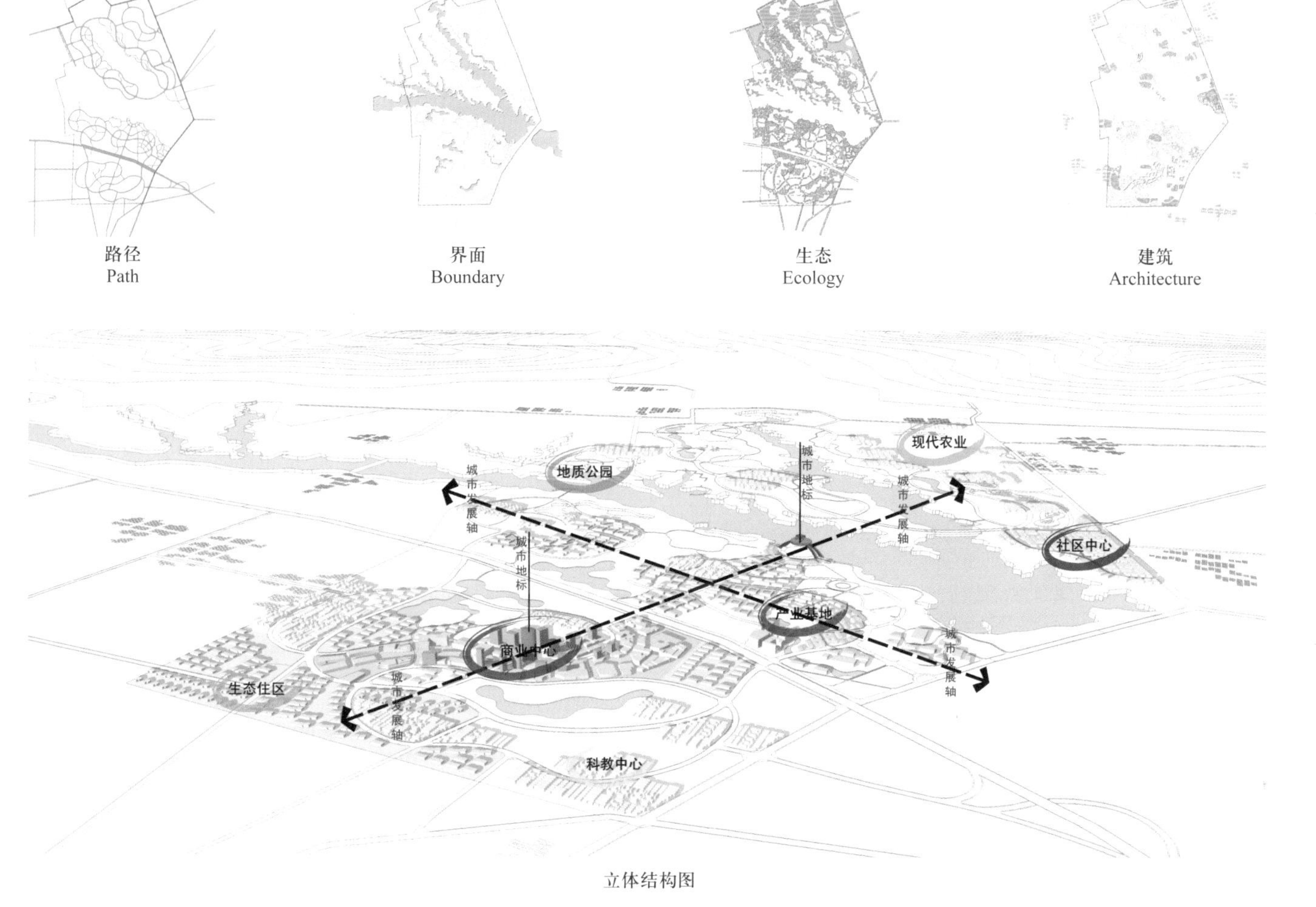

路径 Path　　界面 Boundary　　生态 Ecology　　建筑 Architecture

立体结构图

总平面图

N
0 100 200 300m
50 150 250
图例
A 公共管理与公共服务用地
A2 文化设施用地
A3 教育科研用地
A4 体育用地
A7 文物古迹用地
B 商业服务设施用地
B1 商业设施用地
B2 商务设施用地
B3 娱乐康体设施用地
E1 水域
E2 农业用地
G1 公园绿地
G2 防护绿地
G3 广场用地
H4 村庄建设用地
M1 一类工业用地
R1 一类居住用地
R2 二类居住用地
S4 交通场站用地
W1 一类物流仓储用地

土地利用规划图

用地平衡表

序号		用地性质	用地代号	用地面积（hm^2）	比例
1		居住用地	R	37.418 6	2.877 8%
	其中	一类居住用地	R1	18.040 5	–
		二类居住用地	R1	34.725 2	
2		公共管理与公共服务设施用地	A	47.900 5	3.683 9%
	其中	行政办公用地	A1	3.162 2	–
		文化设施用地	A2	14.874 9	–
		教育科研用地	A3	7.765 5	–
		体育用地	A4	8.437 5	–
		医疗卫生用地	A5	3.162 2	–
		社会福利用地	A6	3.162 2	–
		文物古迹用地	A7	7.336 0	–
		外事用地	A8	–	–
		宗教设施用地	A9	–	–
3		商业服务业设施用地	B	91.567 5	7.042 2%
	其中	商业设施用地	B1	39.319 7	–
		商务设施用地	B2	17.811 2	–
		娱乐康体设施用地	B3	26.287 1	–
		公共设施营业网点	B4	4.074 75	–
		其他服务设施用地	B9	4.074 75	–
4		工业用地	M	2.693 4	0.207 1%
	其中	一类工业用地	M1	2.693 4	–
		二类工业用地	M2	–	–
		三类工业用地	M3	–	–
5		物流仓储用地	W	18.947 3	1.457 2%
	其中	一类物流仓储用地	W1	18.947 3	–
		二类物流仓储用地	W2	–	–
		三类物流仓储用地	W3	–	–
6		道路与交通设施用地	S	180.176 6	13.856 9%
	其中	城市道路交通用地	S1	157.770 8	–
		城市轨道交通用地	S2	–	–
		交通枢纽用地	S3	–	–
		交通场站用地	S4	22.405 8	–
7		公共设施用地	U	30.968 5	2.381 7%
	其中	供应设施用地	U1	12.387 38	–
		环境设施用地	U2	9.290 5	–
		安全设施用地	U3	12.387 38	–
		其他公用设施用地	U9	3.968 5	–
8		绿地与广场用地	G	420.567 4	32.344 7%
	其中	公园绿地	G1	182.460 1	–
		防护绿地	G2	230.584 2	–
		广场用地	G3	7.523 1	–
9		建设用地	H	100.899	7.759 9%
	其中	城乡居民点建设用地	H1	80.719 2	–
		区域交通建设用地	H2	12.107 88	–
		区域公共设施用地	H3	8.071 92	–
		特殊用地	H4	–	–
		采矿用地	H5	–	–
		其他建设用地	H9	–	–
10		非建设用地	E	369.127 7	28.388 6%
	其中	水域	E1	251.926 3	–
		农林用地	E2	117.201 4	–
		其他非建设用地	E9	–	–
11		备用地	–	–	–
12		总用地	–	1 300.266 9	100%

局部鸟瞰图

局部透视图

总体鸟瞰图一

总体鸟瞰图二

8 陕西省咸阳市礼泉县手工艺产业园 · 概念性规划设计

Concept Planning of Handicraft Industrial Park, Liquan, Xianyang, Shaanxi, 2013

塬艺 / Loess

- 业主 / Client：
  陕西手汇城投资有限公司 / Shaanxi Shouhui City Investment Co., Ltd.
- 时间 / Time：
  2013.08
- 合作者 / Cooperator：
  刘洋 / LIU Yang

状 · Site

卫星照片总平面图

· 项目位于礼泉县泔河水库（礼泉湖）南岸，福银高速以北，东面紧邻108省道。区域内有一条以砂石铺设的现状道路，场地基本平整，岸边陆地与水面落差约为12 m。

· 规划区域不但具有交通便捷的区位优势和得天独厚的水土资源，同时也是观赏川壑地貌及俯瞰台塬景色的绝佳之地。

意 · Connotation

芳草茸茸去路遥，八百里地秦川春色早，花木秀芳郊。

——[金]董解元·《西厢记诸宫调》卷一

释 · Interpretation

地理文化

台塬沟壑

布偶

泥塑

皮影戏

织布

地缘文化

“刚”

+

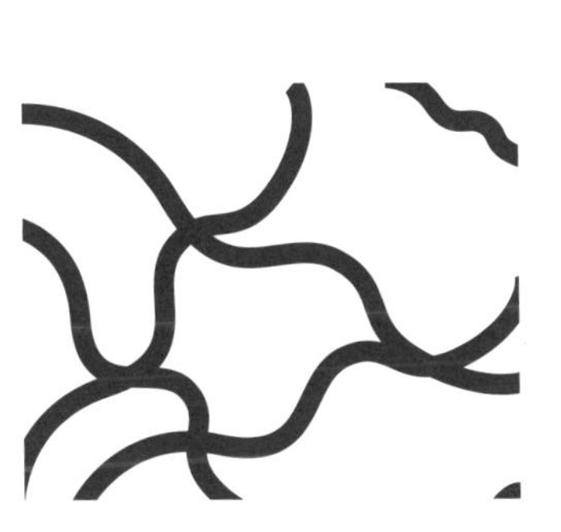

“柔”

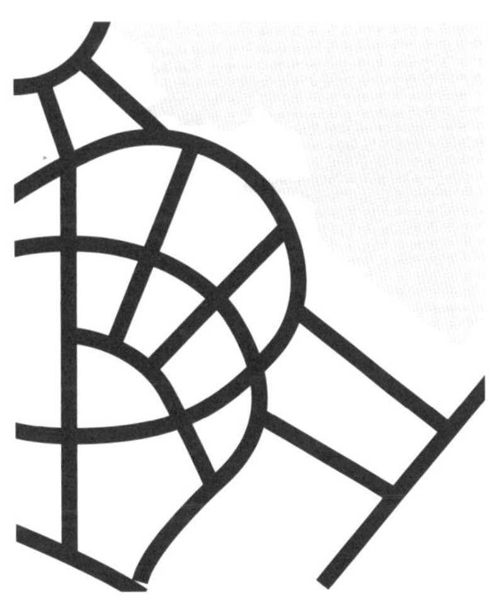

“塬艺”形态

· 关中平原经渭河、泾河和洛河的多年冲积，形成了广阔的台塬地貌，礼泉县地处关中平原的核心区位。

· 塬是中国西北地区人民对顶面平坦宽阔且周边为沟谷切割的黄土堆积高地的简称，按照成因类型和形态特征可分为：完整塬、山塬、台塬、破碎塬和零星塬。

· 台塬顾名思义，是指由黄土覆盖在河谷阶地台面上，沿河谷成长条状分布的黄土台面，如陕西关中平原北面的渭北高原上的台塬。

·“塬艺”为本项目规划设计创意主题，含义为在关中台塬地貌环境下所产生的具有地域特色的手工艺技术。

文 · Text

一、规划理念

· 规划立足于延续陕西关中传统民俗民风的地域特色，倡导本土文化精神。整体设计将嬴秦文明与现代文化相融合，将空间布局形态化和立体化，以大地景观的壮美吸引世界的目光，创造关中台塬地貌上的特殊标识，并在空间建构上突出完善的区域路网结构、多样的密度组团和不同时代的文化内涵。

二、功能分区

· 采用开放和包容布局模式的礼泉手工艺产业园分为六大主题功能区块，分别为旅游集散区、农耕文化区、关中风貌区、生态休闲区、民俗体验区和手工艺园区。

三、特色空间

· 规划将岸边主干道采用弧线形的交通模式，最大限度地增加观赏沿湖景观的视野范围。利用沿湖地理优势，在岸边布置游艇码头，形成水上观光慢行系统。在岸上布置直升机停机坪，增加区域与外界联系的空中交通系统。礼泉手工艺园项目以生动的曲线形规划形态最恰当地呼应着场地台塬地貌的特征。

素 · Element

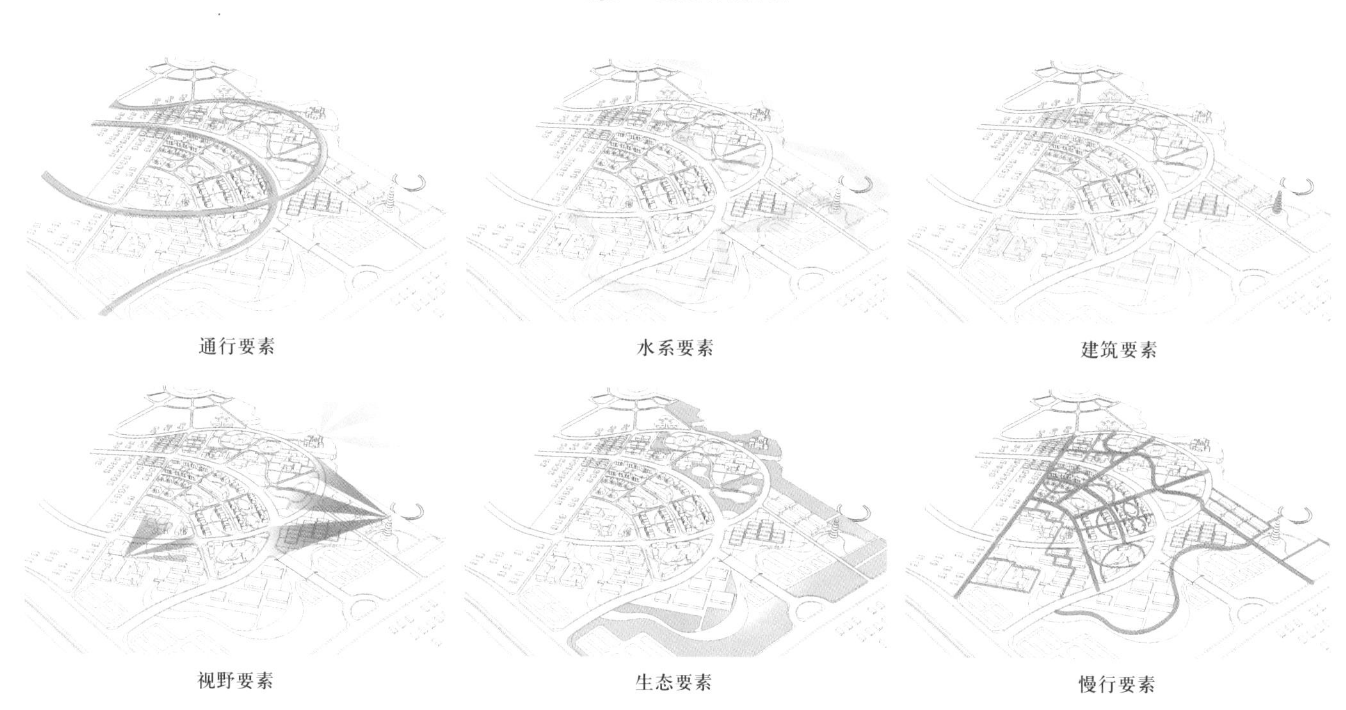

通行要素　水系要素　建筑要素

视野要素　生态要素　慢行要素

面 · Facade

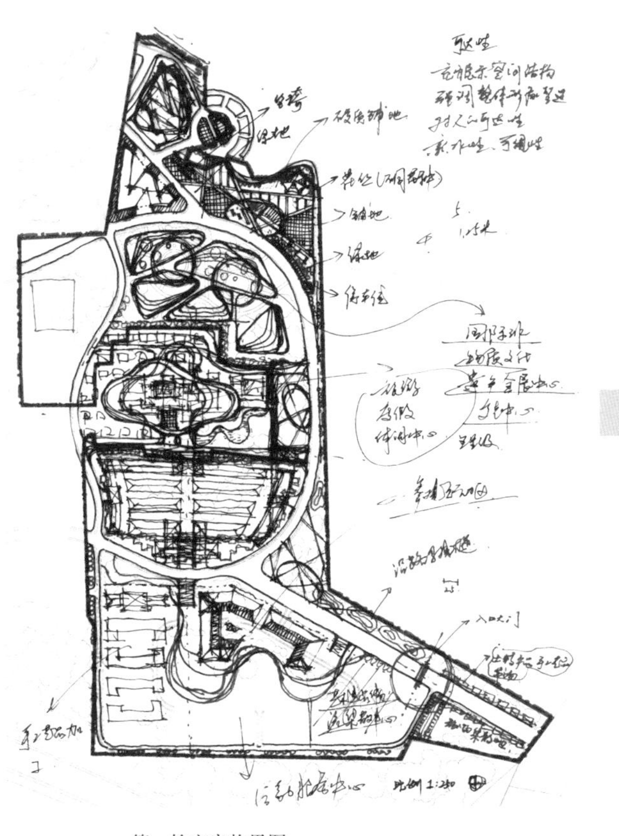

第一轮方案构思图

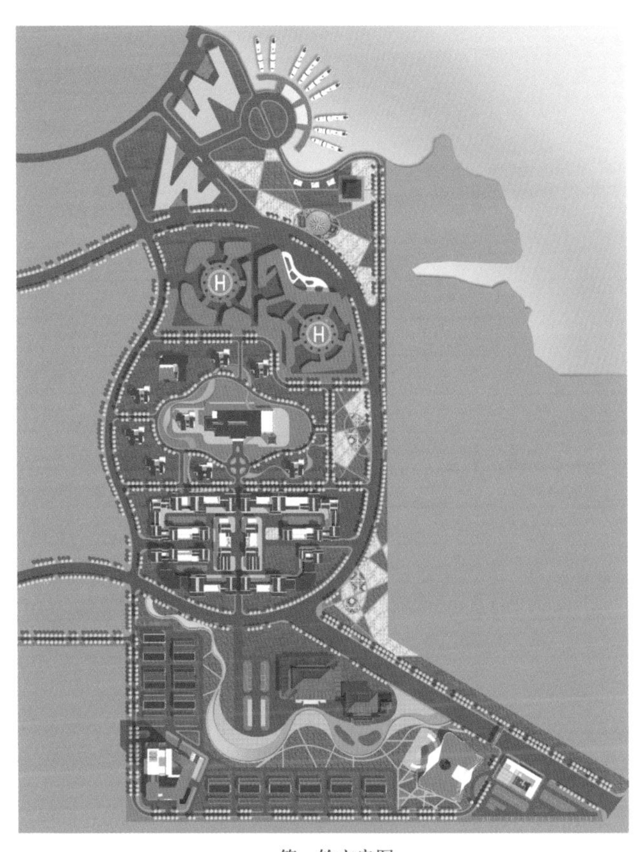

第一轮方案图

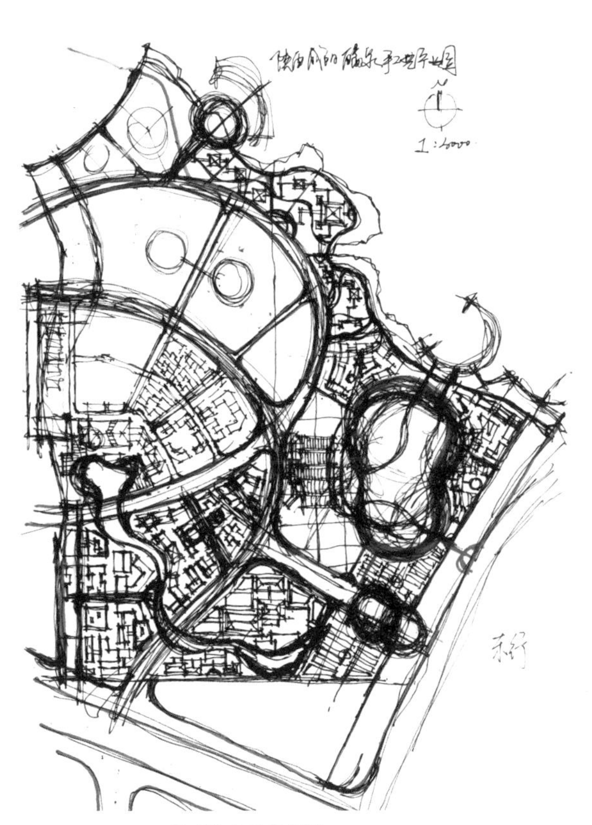

第二轮方案构思图

第二轮方案构思手绘图

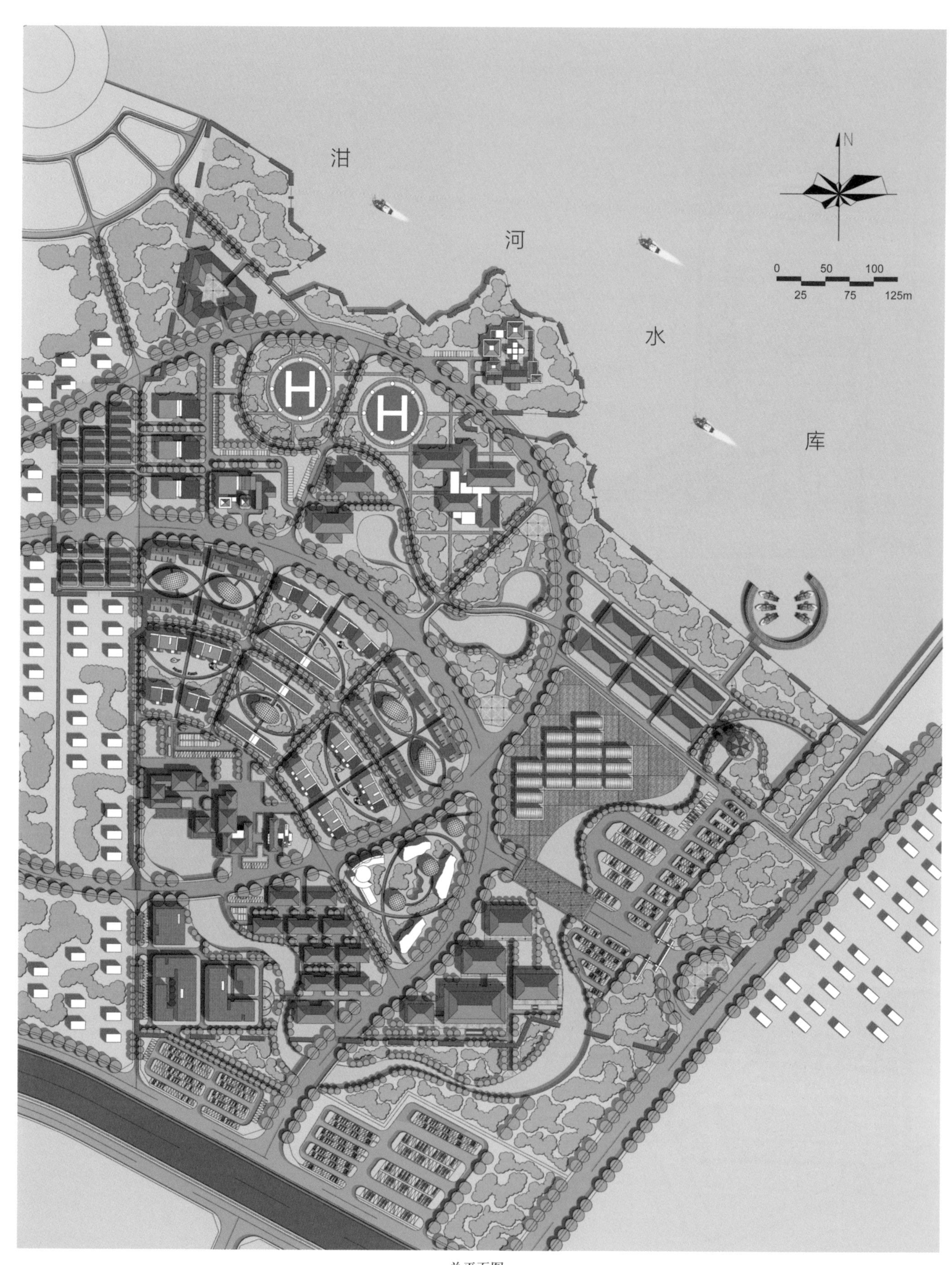

总平面图

通 · Connection

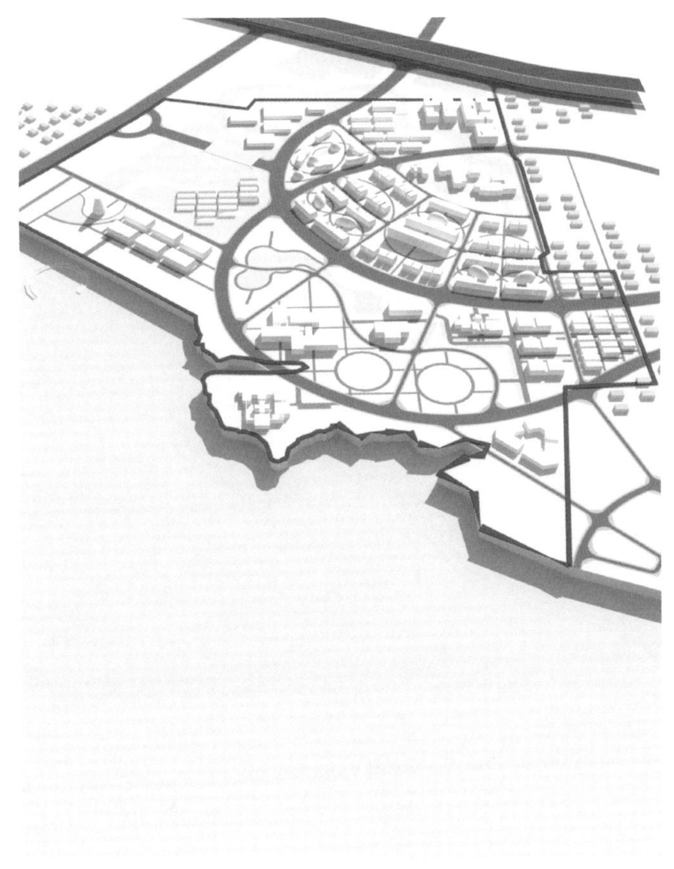

道路交通立体图

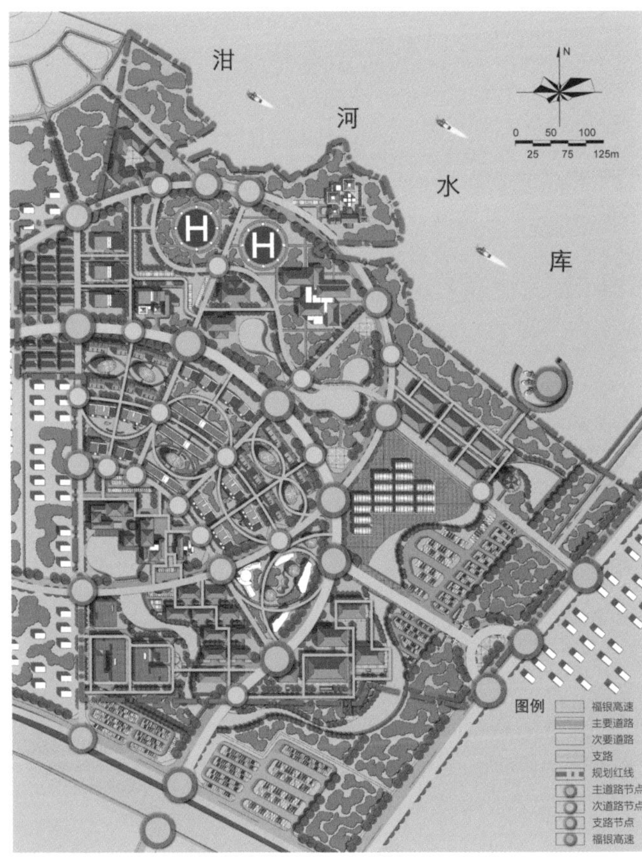

道路交通系统图

视 · Vision

局部鸟瞰图

总体鸟瞰图一

总体鸟瞰图二

9 江苏省邳州市新顺居住区 · 修建性详细规划设计

Constructive Detailed Planning of Xinshun Residential Quarters, Pizhou, Jiangsu, 2013

邳局 / Pi Style

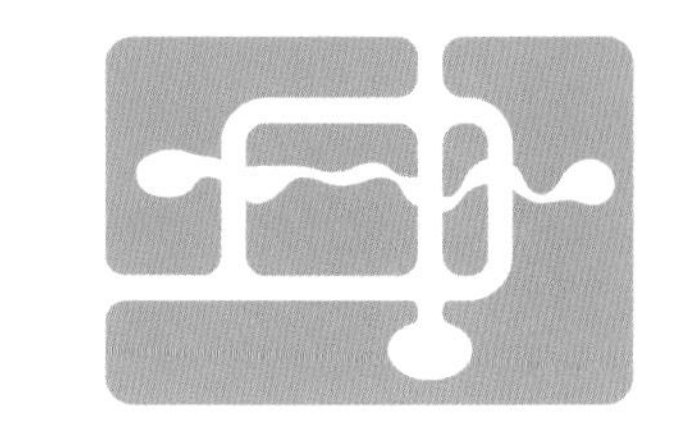

- 业主 / Client：
  邳州经济开发区管理委员会 / The Management Committee of Pizhou Economic Development Zone
- 时间 / Time：
  2013.02
- 合作者 / Cooperator：
  刘洋 王健 / LIU Yang, WANG Jian

状 · Site

卫星照片总平面图

· 项目基地位于邳州市恒山北路、海河路、运平路和辽河西路区域内，该区位作为邳州经济开发区的核心区域，地理位置优越，公共设施齐全。项目占地面积 4.37 hm^2（约合 65.6 亩），地块用地性质为住宅用地。

意 · Connotation

中原行几日，今日才见山。问山在何处，云在徐邳间。

——[宋] 文天祥 ·《望邳州》

释 · Interpretation

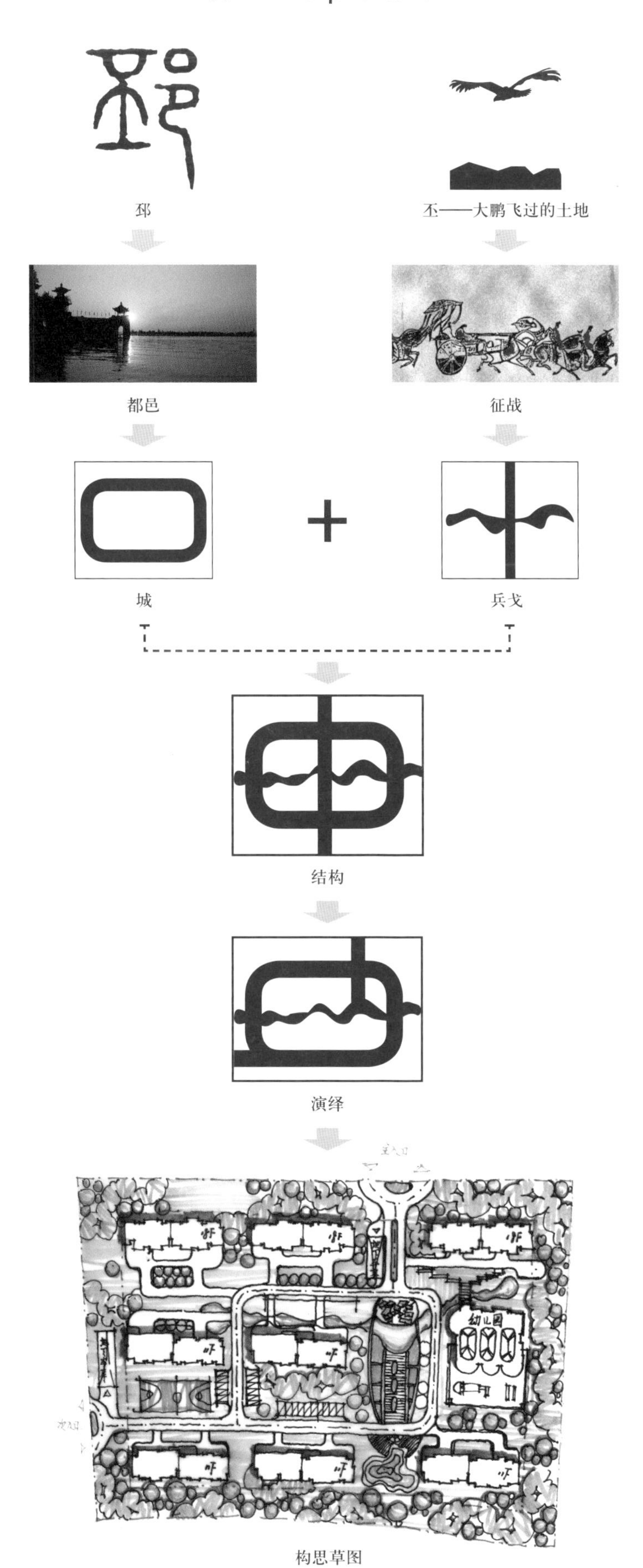

构思草图

文 · Text

一、设计策略

• 1. 充分体现楚汉文化的现代风韵和自然生态的环保理念，让市民的居住区充分融入城市生态环境。将有机的城市肌理与充满文化色彩的城市背景相融汇，表达邳州经济开发区的新城形象。

• 2. 结合邳州经济开发区城市肌理和路网构架，以富有空间特色的三个互相围合的组团形成人居空间单元，并通过南北贯通的景观廊道和东西绵延的生态水系延展居民生活的私密性和人际交往的关联性，展现项目的宜人空间尺度。

• 3. 着力塑造纯居住、无污染、低排碳和原生态的可持续发展居住小区，规划设计以尺度宜人的步行休闲空间为特色，利用建筑退界控制街道噪声对沿街住户的干扰，通过复合层次的生态景观打造邳州经济开发区核心区的特色居住环境。

二、规划结构

• 总体规划采用一环路网、三个层次、十字绿轴和多点景观的规划布局结构。一环路网是指居住区的环状主干道，它连接小区的主要入口与次要入口，并接达地下停车库的两个出入口；三个层次是指居住区由南到北分别以两排 11 层小高层和一排 24 层高层住宅所围合的空间层次，该布局方略不但解决了日照间距和采光需求，也增加了各个空间组团的私密性；十字绿轴是指经辽河西路主入口贯穿南北的景观轴线和与此轴线相垂直的东西绵延的生态水脉长廊；多点景观是指社区内部以十字绿轴为基础，继而延续景观可视性和可达性的空间节点，在沿东西水系和南北绿脉的两侧分别穿插若干景观节点，如以楚汉风格为主的休憩景观亭、曲线多变的生态廊架、可供嬉戏的假山、富有动态韵律的喷泉和复杂多变的景观铺地等。

三、空间布局

• 遵循城市特色和人文和谐的居住区规划原则，合理布置住宅、道路、景观和幼儿园等规划要素。幼儿园入口靠近小区主入口，使未来其他小区能够更加方便地使用公共配套设施。九栋建筑体量相对规则有序地穿插于环状路网与十字绿轴之间。机动车由小区主入口驶入后可以便捷地进入地下停车库，地面上仅保留机动车总停车位的 10%（即 34 辆），最大限度地降低机动车对居住环境的干扰。整体空间布局简约明了，舒张有序，错落有致，动静相宜，创建美丽邳州的新型居住空间。

四、道路交通

• 规划设计力图创建通畅快捷的社区交通系统，遵循以人为本的交通理念，通过环形路网以最短的距离连接建筑各出入口。在环形路网北侧接近小区主入口处设置地下停车库主要入口，并在环形路网东侧临近小区主入口处设置地下停车库出口，以减少社区内机动车的穿行数量。结合十字景观绿轴布置绿化路径、休闲步道和林荫小路等支路系统，使其与绿化组团紧密相连和对景呈现。

局 · Plan

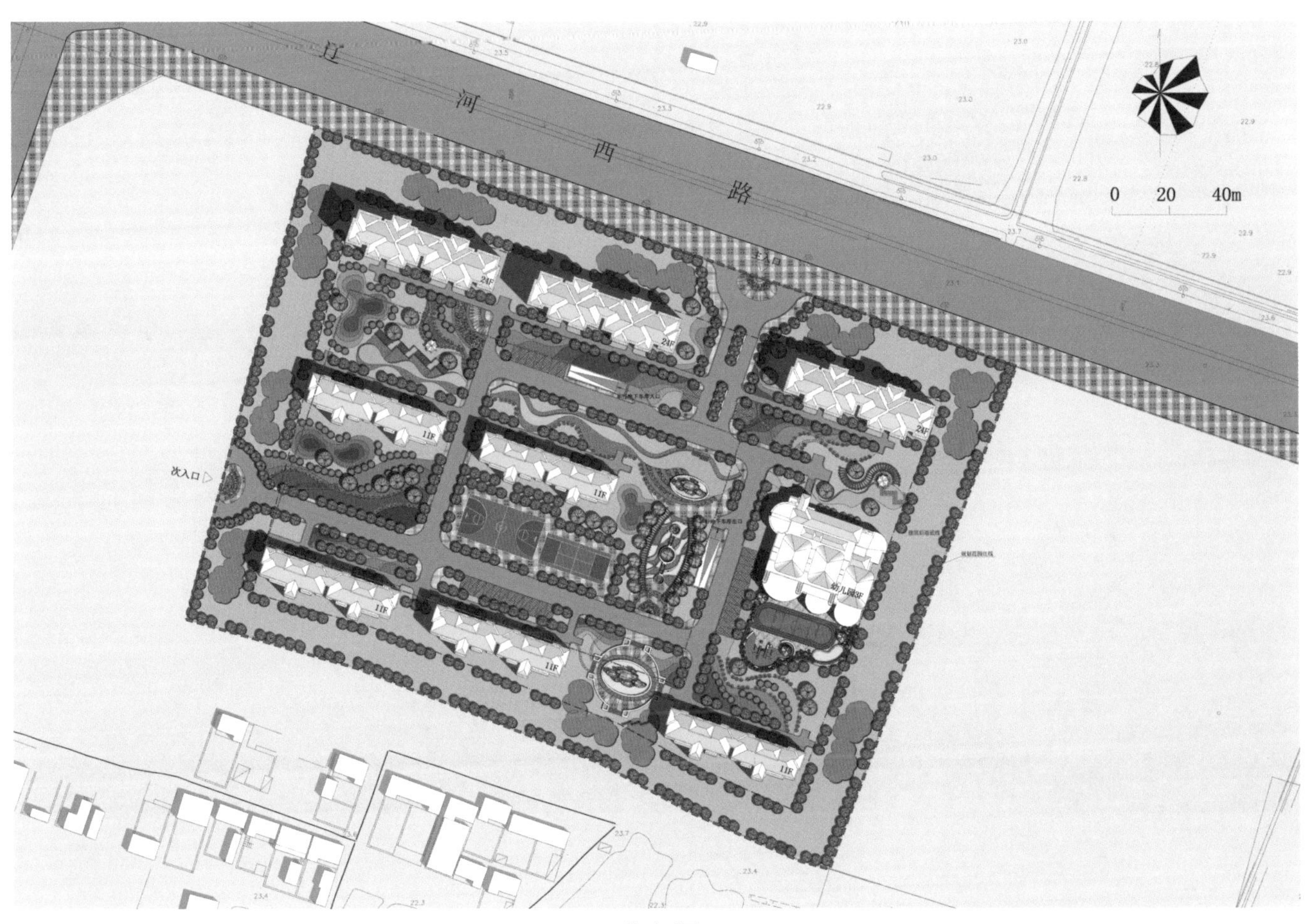

总平面图

额 · Quota

经济技术指标

编号	项目		数值	单位
1	规划用地		4.37	hm^2
2	总建筑面积		9.37	万 m^2
	其中	地上建筑面积	8.14	万 m^2
		地下建筑面积	1.23	万 m^2
3	建筑密度		13.18	%
4	容积率（不含地下）		1.86	–
5	绿地率		60.72	%
6	总户数		309	户
7	总人口		989	人
8	停车位		340	个
	其中	地面停车位	34	个
		地下停车位	306	个
9	住宅建筑面积		8.02	万 m^2
	其中	24 层住宅面积	5.32	万 m^2
		11 层住宅面积	2.70	万 m^2
10	公共建筑面积		0.15	万 m^2
	其中	幼儿园	0.12	万 m^2
		其他	0.03	万 m^2

用地平衡表

编号	项目			数值（hm^2）	比例
1	规划范围内总用地			4.37	–
2	规划用地			4.37	100%
	其中	道路用地		0.672 2	15.38%
		居住用地		0.466 9	10.68%
		公共设施用地		0.154 0	3.52%
		其中	幼儿园	0.122 2	2.79%
			其他	0.031 8	0.73%
		绿地		2.653 4	60.72%
		其他用地		0.423 5	9.70%

面 · Facade

北立面图

东立面图

技 · Technology

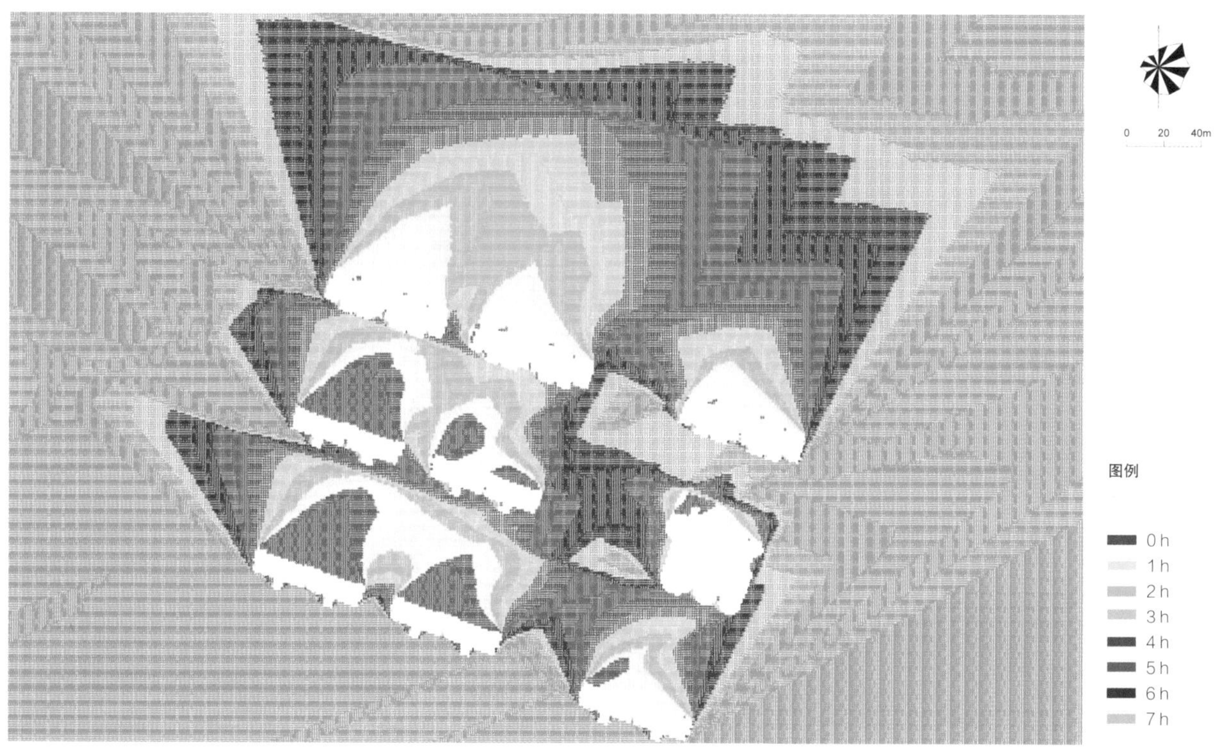

日照分析图

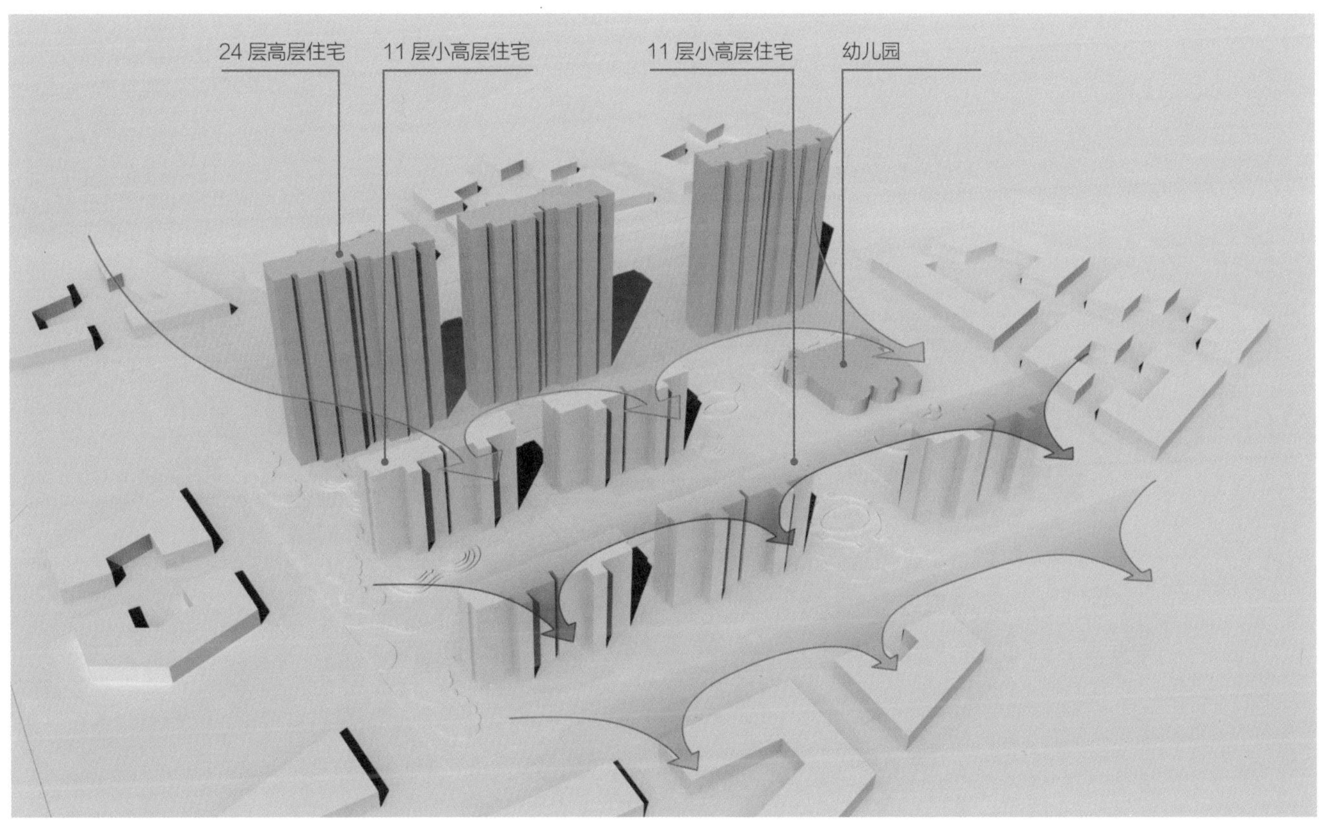

景观视觉分析图

视 · Vision

局部透视图

总体鸟瞰图

10 黑龙江省哈尔滨市阿什河湿地公园·概念性规划设计
Concept Planning of Ashi River Wetland Park, Harbin, Heilongjiang, 2012

耳湾 / Ear Bay

· 业主 / Client：
神通物流集团 / Shentong Logistics Group
· 时间 / Time：
2012.08
· 合作者 / Cooperator：
刘洋 / LIU Yang

状 · Site

卫星照片总平面图

· 流入松花江干流的阿什河发源于大青山南麓。阿什河流域作为金朝的发祥地古迹众多，有松峰山道教遗址、金代上京会宁府遗址、金太祖完颜阿骨打陵址、金齐国王完颜晏墓、亚沟石刻等，均被列入黑龙江省文物保护名录。

· 阿什河湿地公园位于哈尔滨市先锋路和长江路之间，规划面积为 243.5 hm^2，其中陆地面积 192.6 hm^2。

意 · Connotation

水者，地之血气，如筋脉之通流者也。

——[春秋]管仲·《管子·水地》

域 · Region

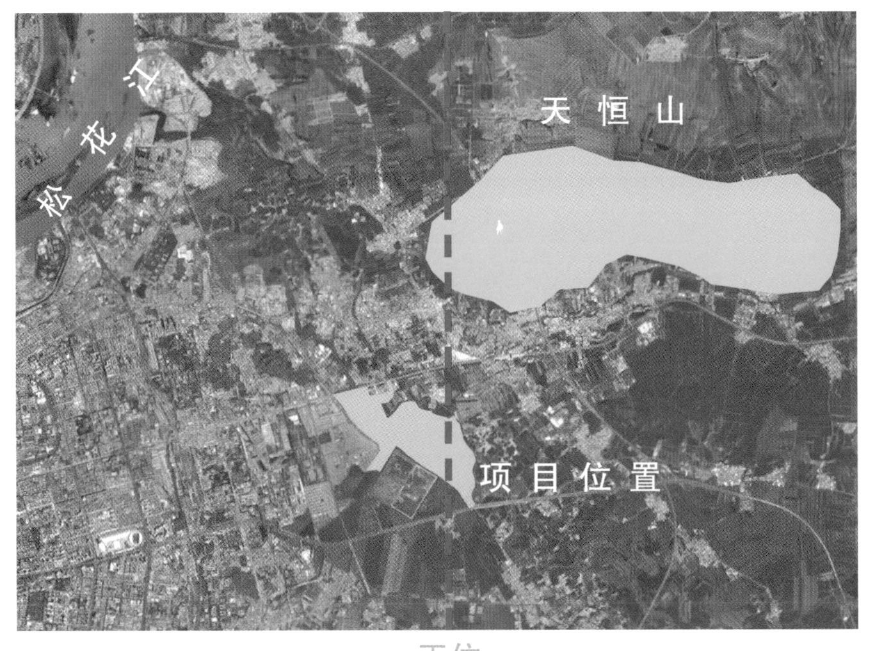

场地研究图

界 · Boundary

规划红线图

“耳”

实景

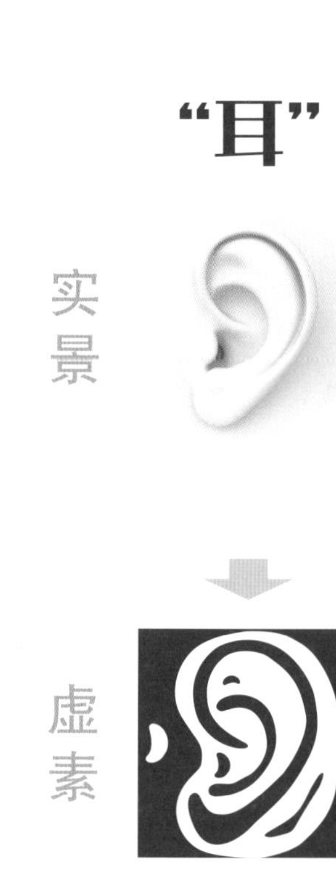

港湾　　河湾　　海湾

真实

虚素

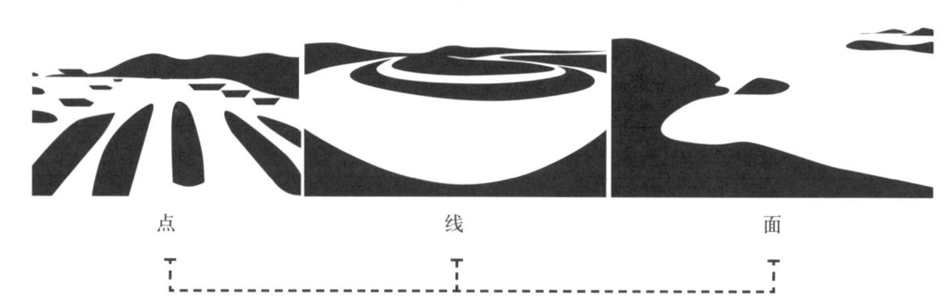

点　　线　　面

抽象

听、闻、聆　＋　聚、涵、养

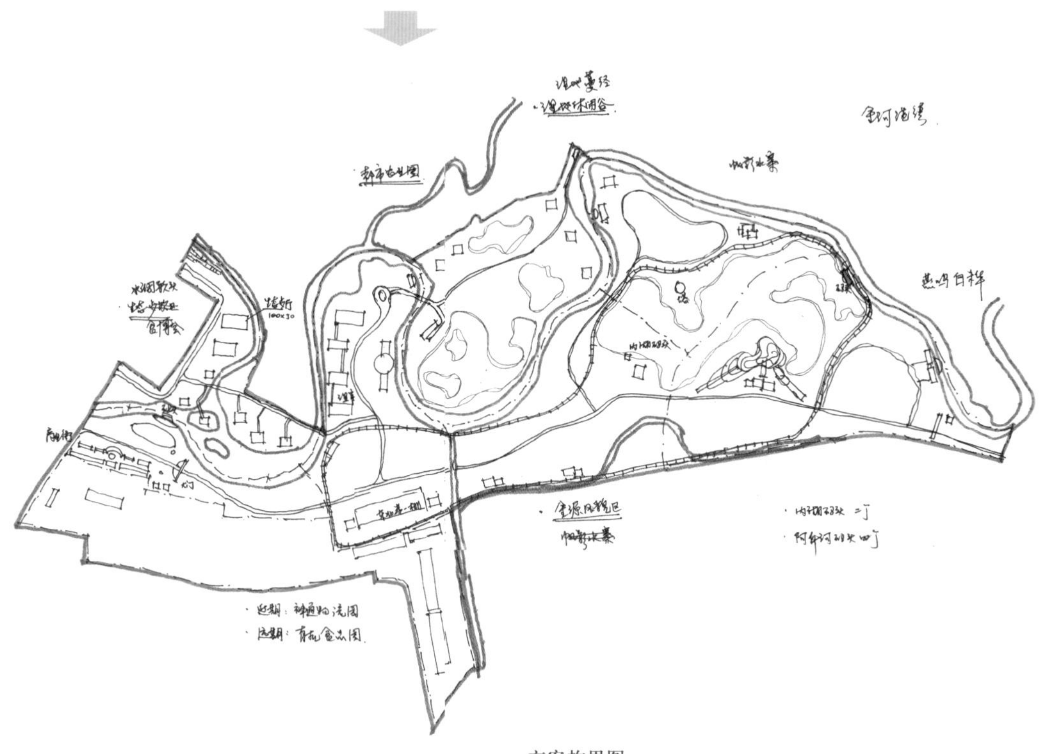

方案构思图

局 · Plan

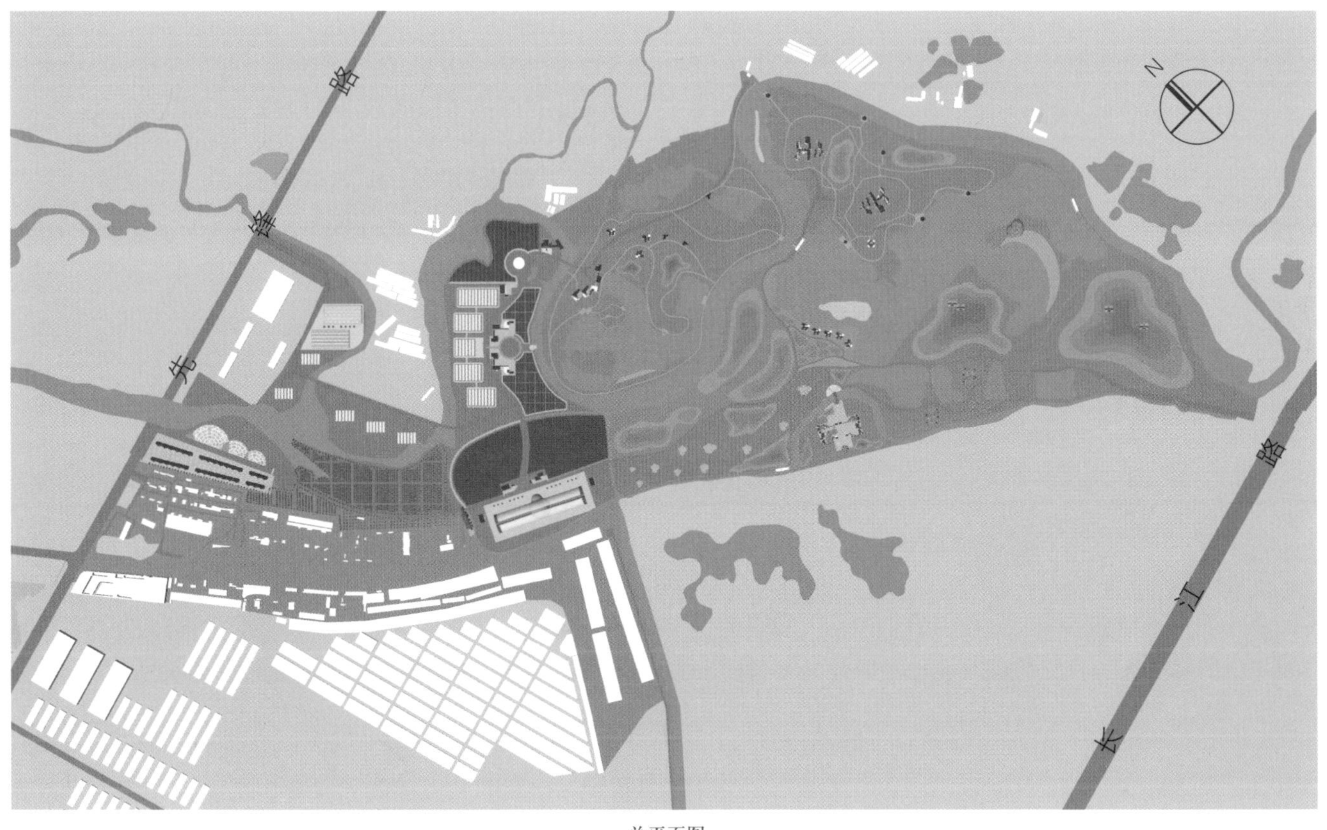

总平面图

额 · Quota

阿什河耳湾湿地旅游示范区用地功能比例

用地功能	比例
湿地风貌	55%
都市农业	15%
运动健身	5%
养生休闲	9%
历史文化	8%
现代物流（近期）	8%

用地功能比例图

构 · Structure

规划结构图

能 · Function

功能分区图

期 · Phase

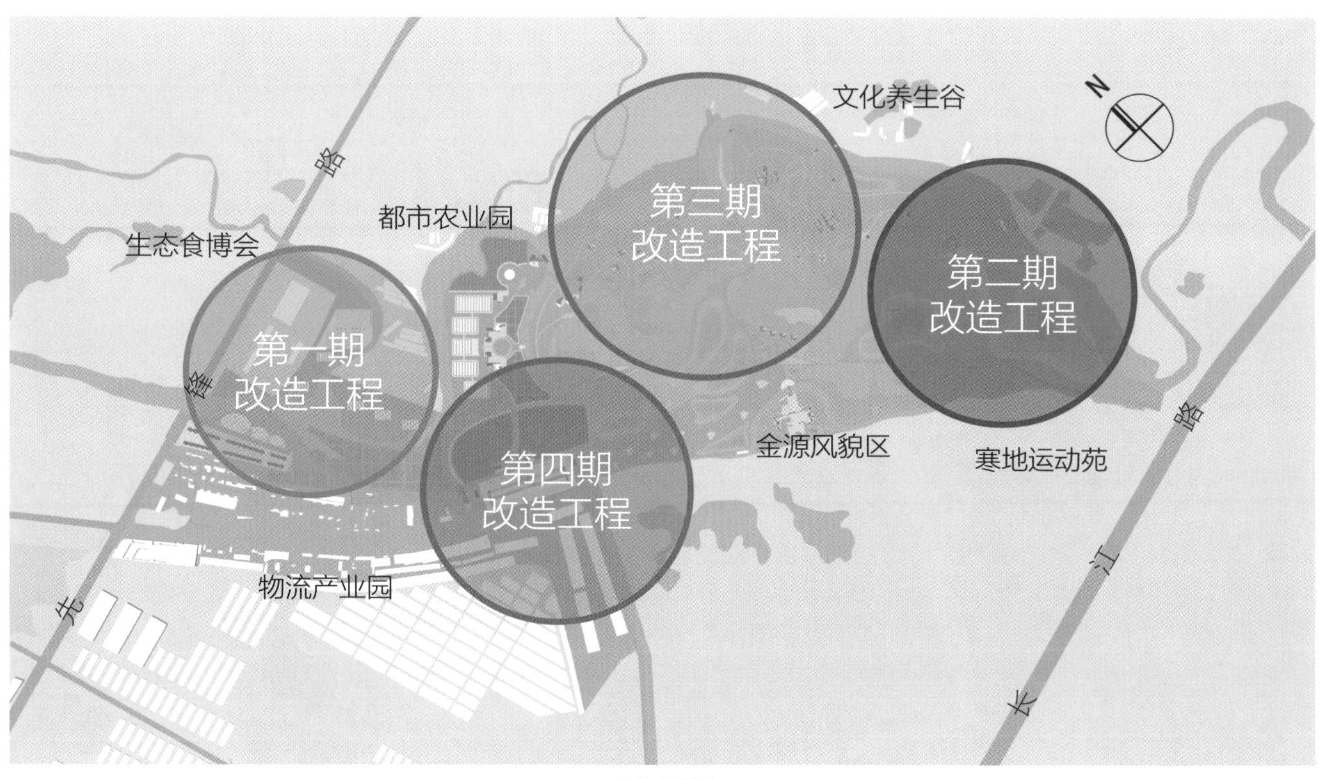

分区建设图

视 · Vision

局部透视图一

局部透视图二

总体鸟瞰图

11 江西省赣州市章江新区江山里·概念性规划设计

Concept Planning of Jiangshan Estate of Zhangjiang New Development District, Ganzhou, Jiangxi, 2011

客道 / Daoism of HaKKa

- 业主 / Client：
  东方鑫泰置业（赣州）有限公司 / East Xintai Real Estate (Ganzhou) Co.Ltd.
- 时间 / Time：
  2011.10
- 合作者 / Cooperator：
  吴佳颖 刘洋 / WU Jiaying, LIU Yang

状 · Site

卫星照片总平面图

· 项目基地位于赣州市章江新区正南端，北接章江新区中心，南靠滨江公园和章江，东西向沿梅关大道呈扇形展开，弧线长度为 1 400 m。项目地块东南西北皆临城市干道，两条支路穿越基地，基地堪舆俱佳，堪称赣水正宅。

意 · Connotation

八境见图画，郁孤如旧游。山为翠浪涌，水作玉虹流。日丽崆峒晓，风酣章贡秋。丹青未变叶，鳞甲欲生洲。
岚气昏城树，滩声入市楼。烟云侵岭路，草木半炎洲。故国千峰处，高台十日留。他年三宿处，准拟系以舟。

——[宋] 苏轼 ·《过虔州登郁孤台》

释 · Interpretation

风水堪舆

来式太极

土楼

客家文化

围屋

规划元素

方案构思草图

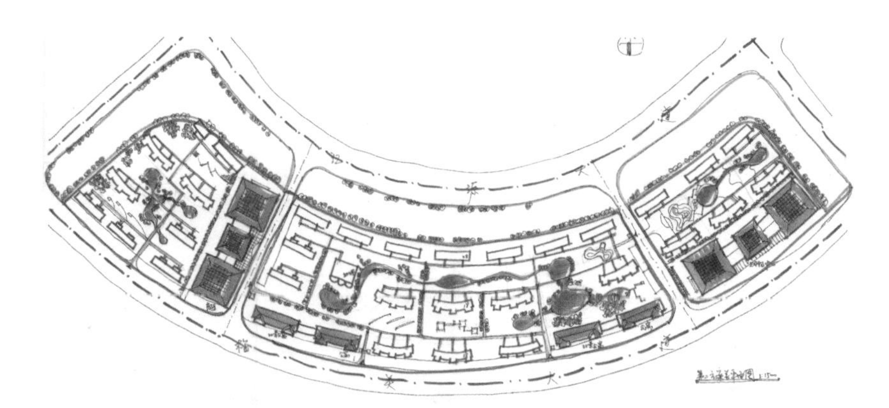

第一轮方案总平面图

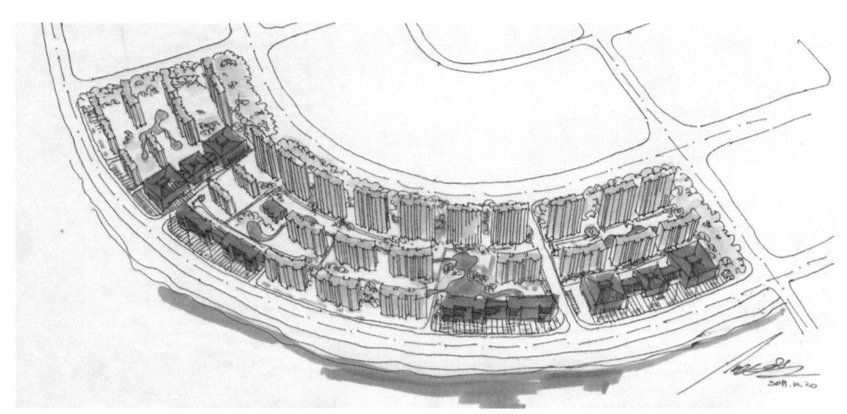

第一轮方案手绘鸟瞰图

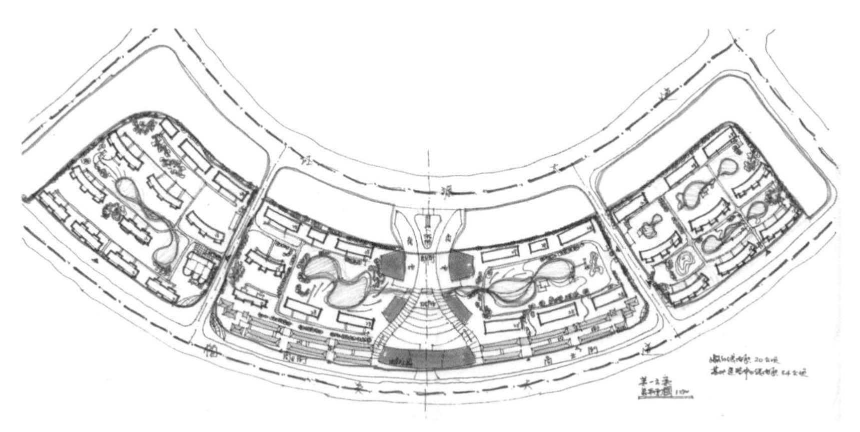

第二轮方案总平面图

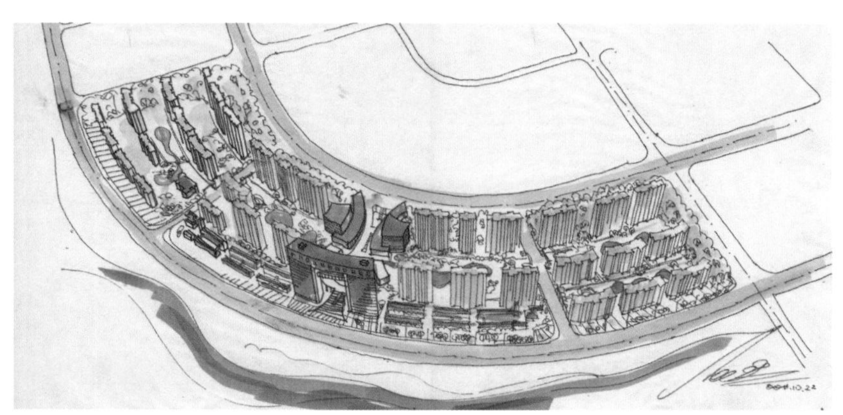

第二轮方案手绘鸟瞰图

局 · Plan

总平面图

构 · Structure

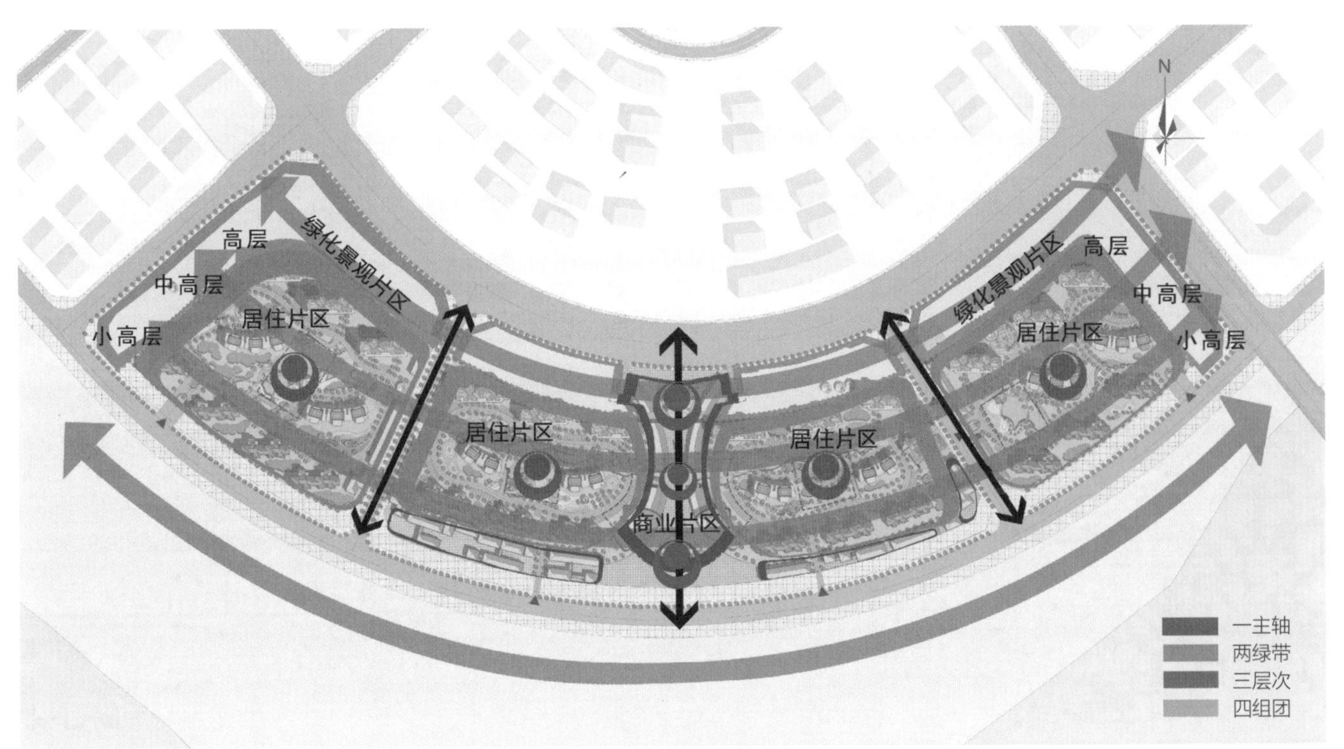

规划结构图

支路——东立面图

步行街西立面图

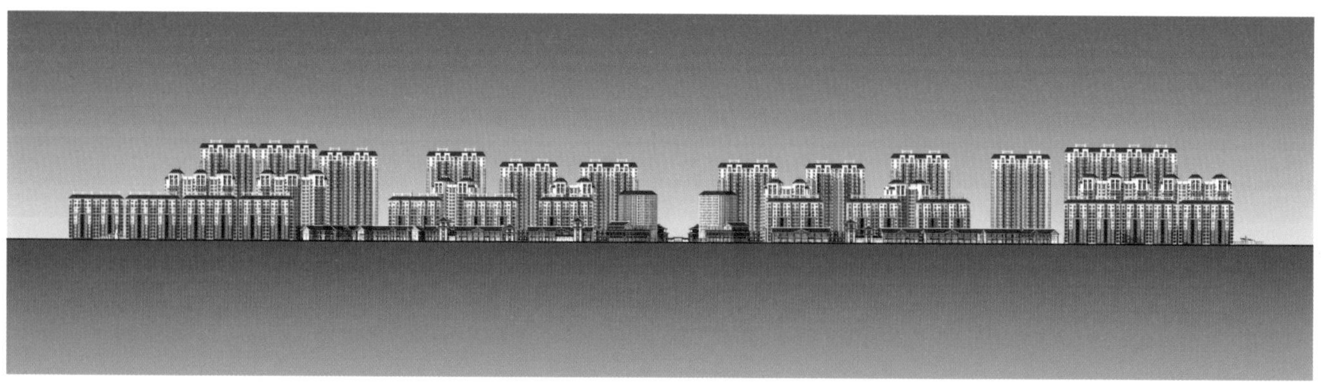

梅关大道立面图

透视图

总体鸟瞰图

麦当劳

街景透视图

夜景鸟瞰图

12 上海市金山国际乡村俱乐部·概念性规划设计
Concept Planning of Jinshan International Country Club, Shanghai, 2011

复然 / Regain

- 业主 / Client：
  上海市水利工程集团有限公司 / Shanghai Hydraulic Engineering Group
- 时间 / Time：
  2011.04
- 合作者 / Cooperator：
  吴佳颖 / WU Jiaying

状 · Site

· 项目位于上海金山区枫泾镇以北5 km处，南临金山农民画村，东靠朱枫公路，西与浙江省嘉善市接壤，北望蒲泽塘。基地方正规则，地理位置极佳，现场条件良好，原有鱼塘和餐饮休闲设施散落其中，适于开发休闲度假类产品。

意 · Connotation

户庭无尘杂，虚室有余闲。久在樊笼里，复得返自然。

——［晋］陶渊明 ·《归园田居 · 其一》

释 · Interpretation

自然　世外　田园　归隐

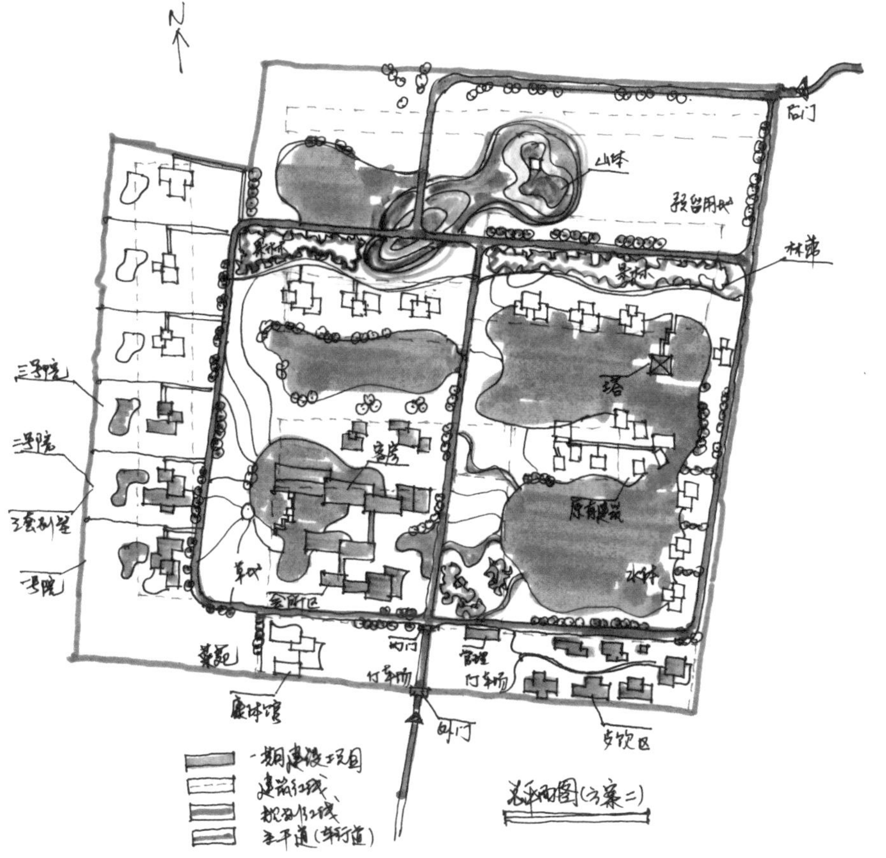

方案构思草图

局 · Plan

总平面图

构 · Structure

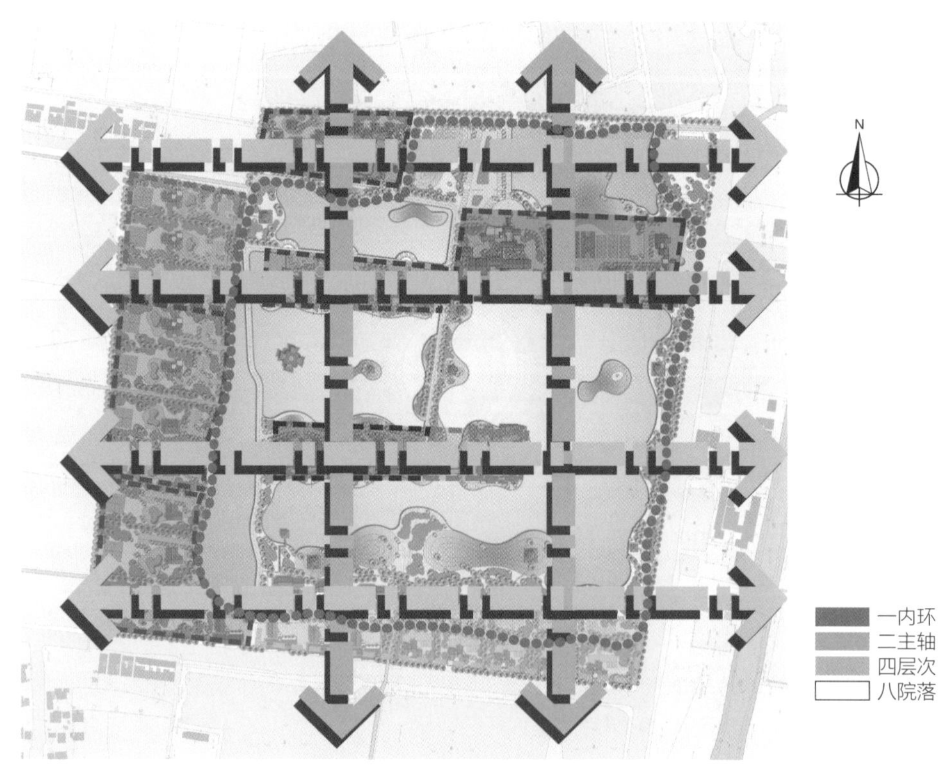

规划结构图

景 Landscape

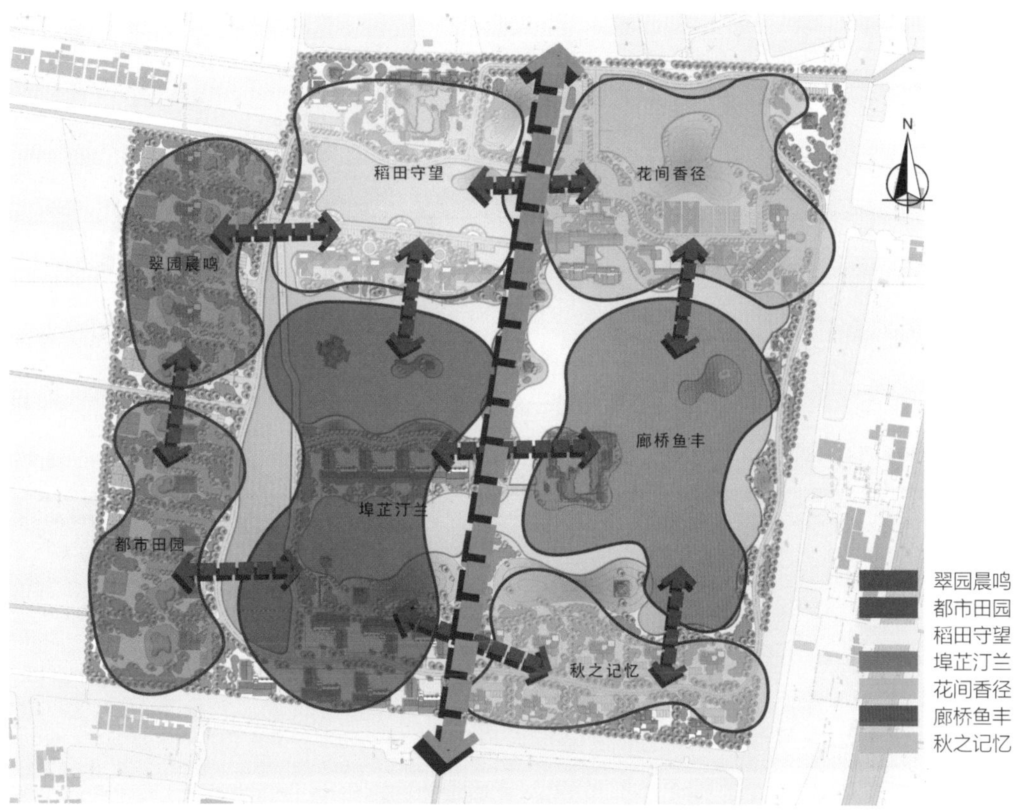

特色景观分析图

视 · Vision

局部鸟瞰图

松下问童子
言师采药去
只在此山中
云深不知处

总体鸟瞰图

13 江苏省如皋市经济技术开发区核心区·概念性规划设计

Concept Planning of the Core Area of Economic and Technological Development Zone, Rugao, Jiangsu, 2011

仁邑 / Benevolence

- 业主 / Client：
  江苏长寿集团 / Jiangsu Longlife Group
- 时间 / Time：
  2011.03
- 合作者 / Cooperator：
  吴佳颖 / WU Jiaying

状 · Site

卫星照片总平面图

· 如皋又名金城，是江苏省历史文化名城。如皋经济开发区位于江苏省如皋市城区北郊，是江苏省人民政府批准成立的省级开发区。

· 位于省级开发区内的项目用地规划面积为 29.3 hm^2，原为长寿集团的工业用地。规划范围现状为农田、公司厂房及少量农宅。基地地势平坦，地质条件稳定，适宜作为城市建设用地。

· 基地北侧为起凤路，东侧为海阳北路，南侧为仁寿路，西面临水，新北路从基地中部穿过，基地周边道路交通条件良好。

意 · Connotation

层楼矗矗耸青苍，传是江皋古道场。岁月几经秦劫火，巍峨重见鲁灵光。

鹤归仙自夸丁令，钟动声能吼象王。惭愧带围无可镇，题名藻栋墨痕香。

——［清］曹相 ·《咏广福寺》

势 · Trend

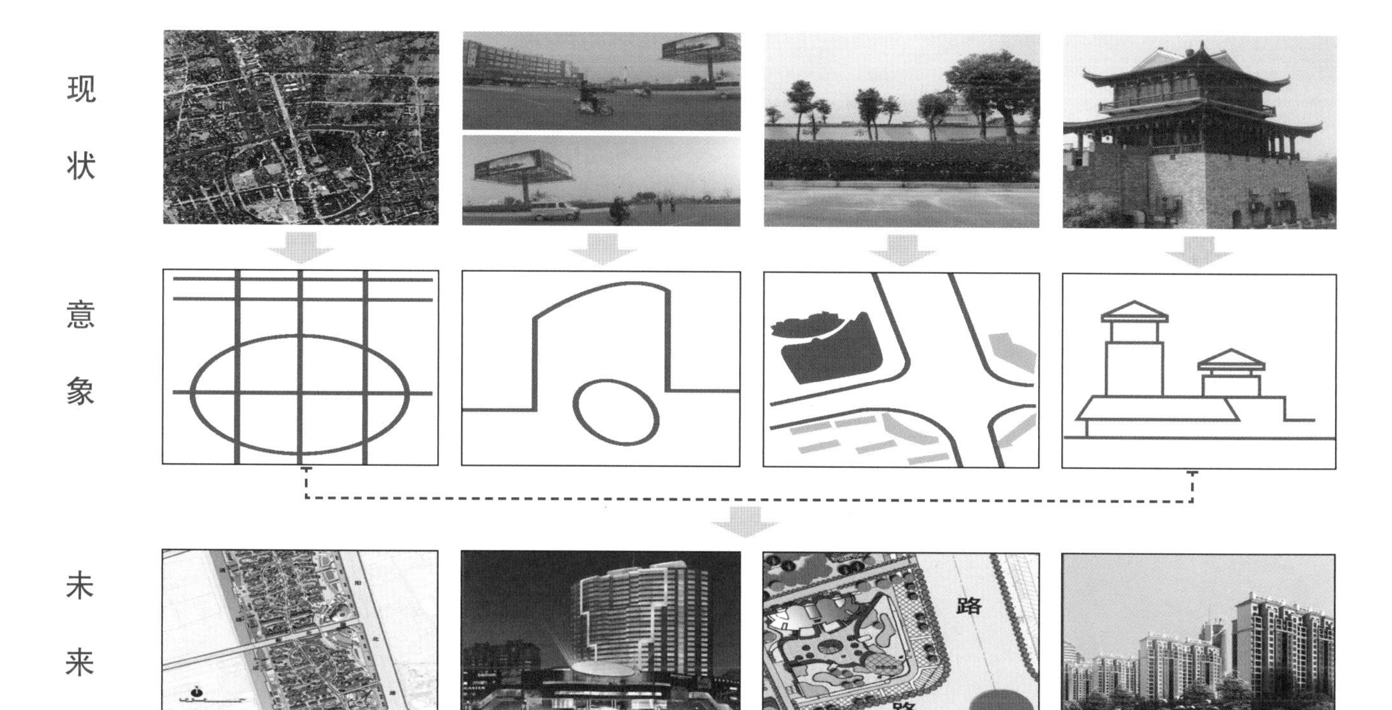

释 · Interpretation

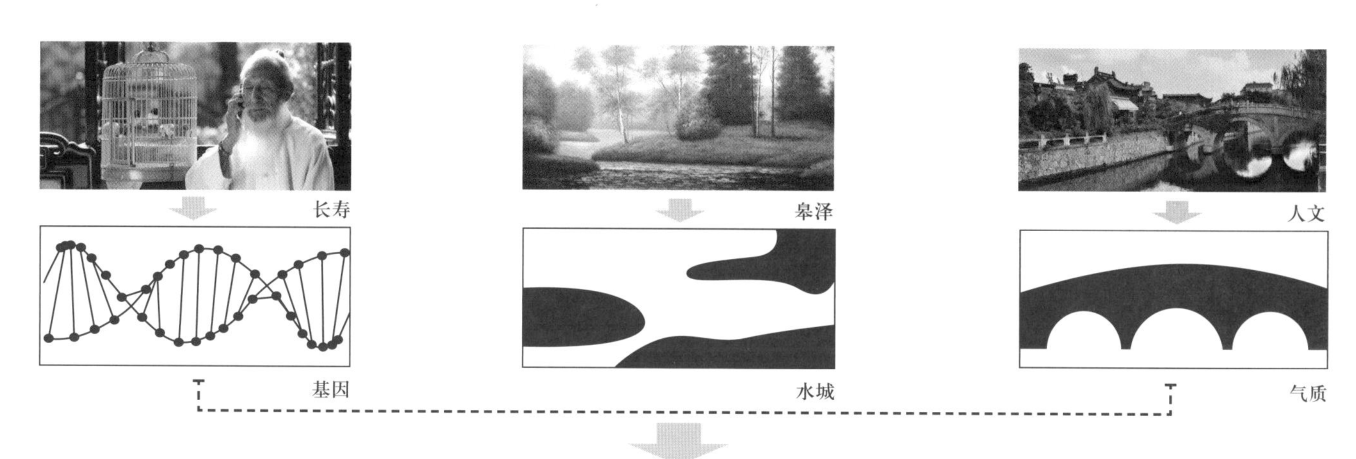

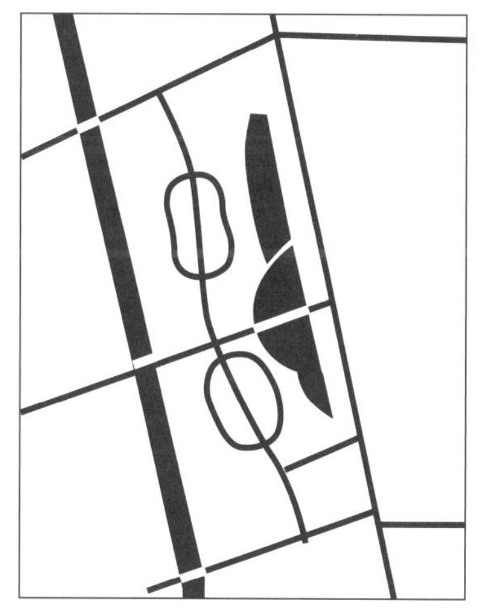

规划设计基底

总平面图

层 · Layer

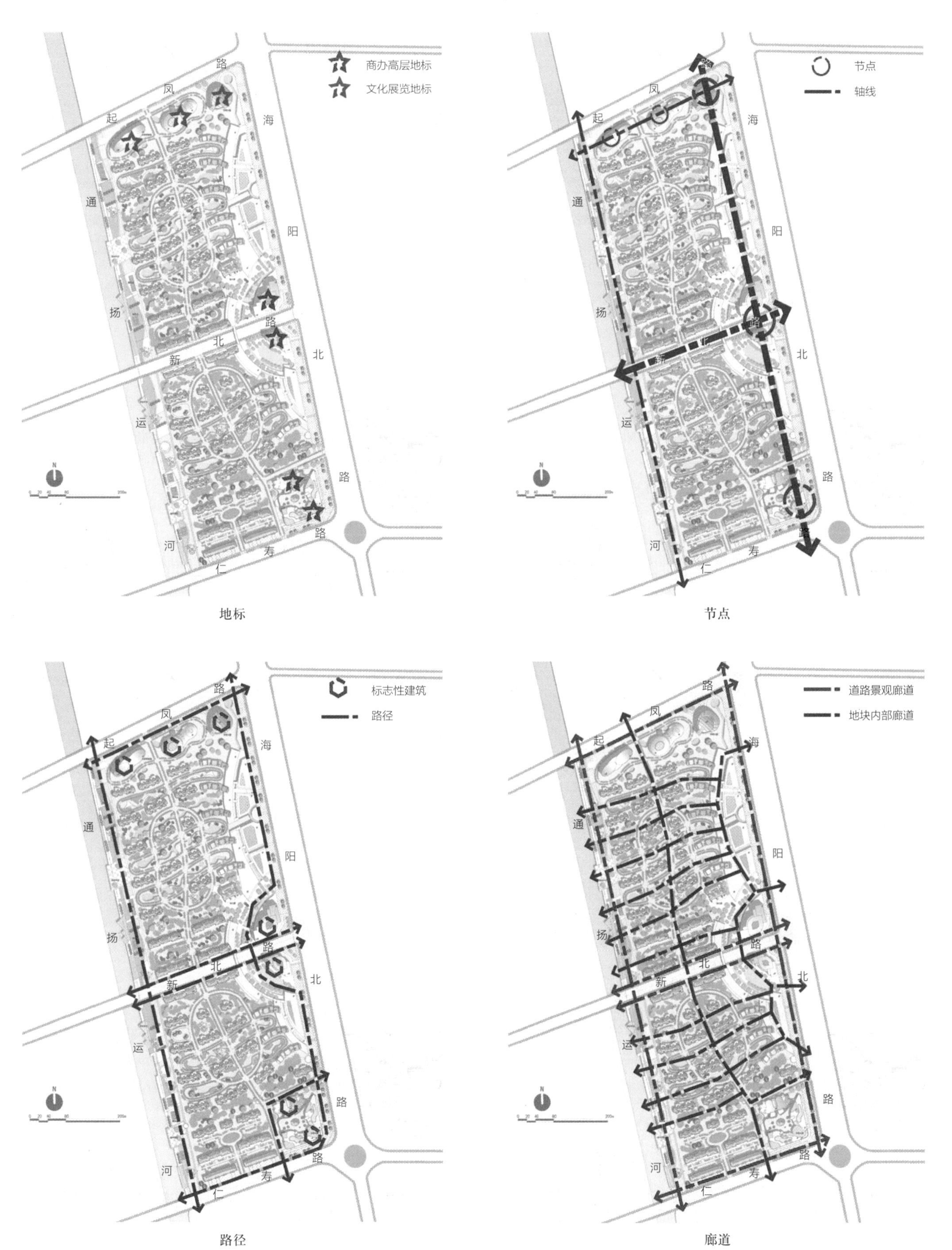

商办高层地标
文化展览地标
起凤路
海阳北路
通扬运河
新北路
仁寿路
地标
节点
轴线
节点
标志性建筑
路径
路径
道路景观廊道
地块内部廊道
廊道

通 · Connection

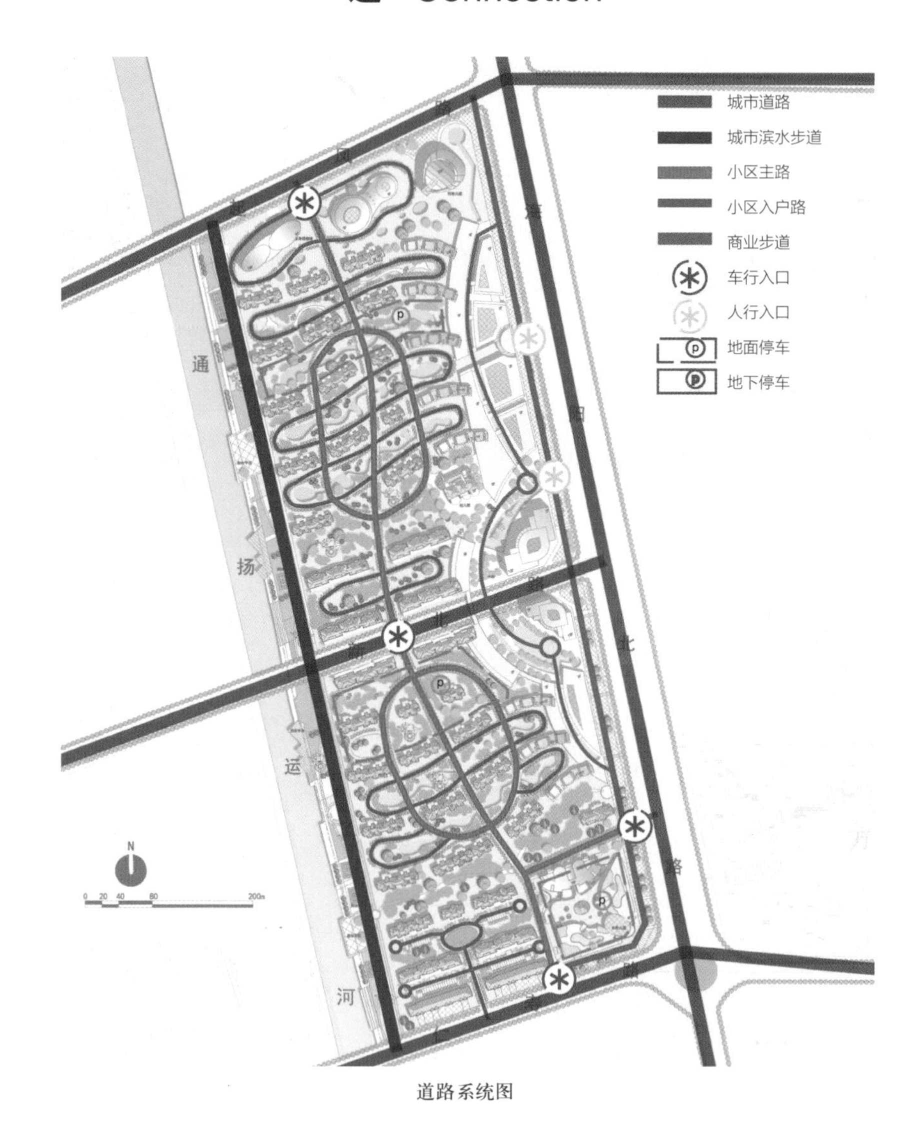

道路系统图

面 · Facade

西立面图

东立面图

透视图一

透视图二

JOE
• COFFEE
• FOOD
• BEER
• DRINK
SINCE 1997
PHONE:877-3342
GUCCI
KAHLUA
FENDI

夜景透视图

总体鸟瞰图

14 河北省唐海县科元里・修建性详细规划设计

Constructive Detailed Planning of Keyuan Block, Tanghai, Hebei, 2011

姬基 / Ji Gene

- 业主 / Client：
  上海畅欣信息科技发展有限公司 / Shanghai Changxin Information Technology Development Co., Ltd.
- 时间 / Time：
  2011.02
- 合作者 / Cooperator：
  吴佳颖 /WU Jiaying

域・Region

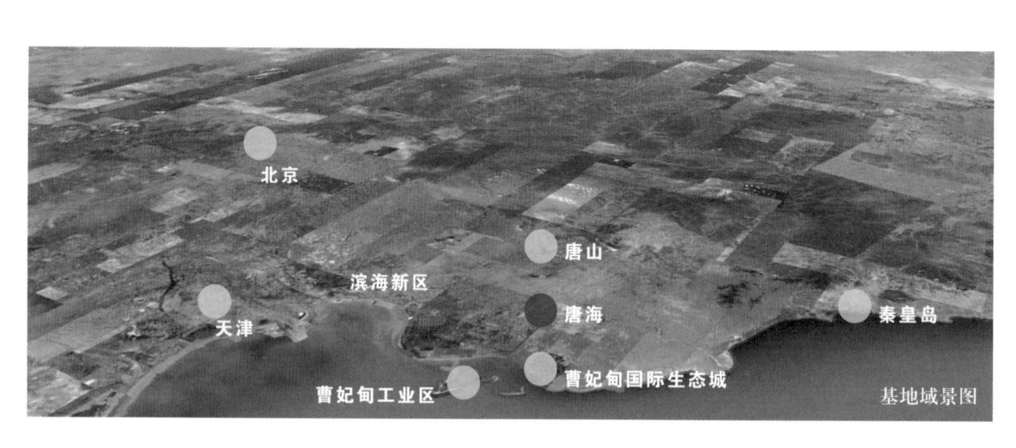

基地域景图

・项目所在地唐海县位于环渤海经济圈，西接北京和天津、南倚富饶渤海、东望大连、北联唐山和秦皇岛。

状・Site

卫星照片总平面图

・项目基地位于唐海县城东北，北靠创业大街，中夹迎宾路，南临建设大街，东倚文化路。基地方正整齐，除东南角之外地块周边均临主要道路。迎宾路南向连接县城繁华区域，创业大街以北为已经开业的综合贸易市场。基地位置良好，适于居住类建筑开发。

意・Connotation

春江潮水连海平，海上明月共潮生。滟滟随波千万里，何处春江无月明。
江流宛转绕芳甸，月照花林皆似霰。空里流霜不觉飞，汀上白沙看不见。

——[唐]张若虚・《春江花月夜》

释 · Interpretation

唐海位于古燕国封地

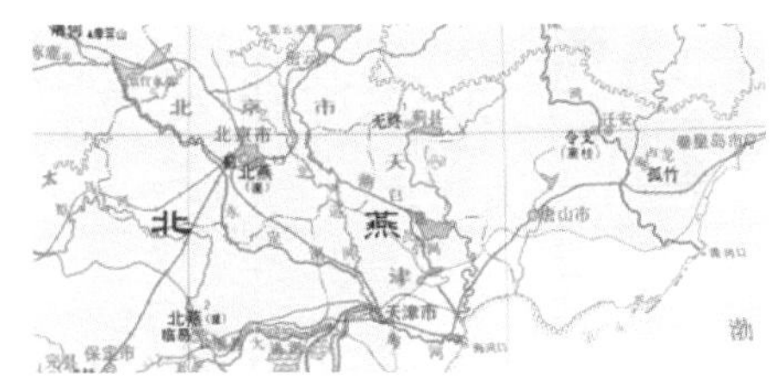

燕国是华夏族在中国华北和东北地区建立的一个姬姓诸侯国，为战国七雄之一

姬

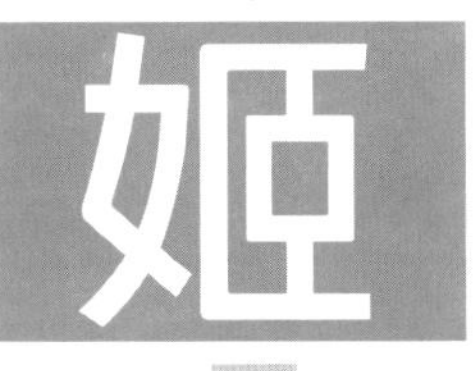

传说黄帝出生处有一河名姬水，故取姬为其姓

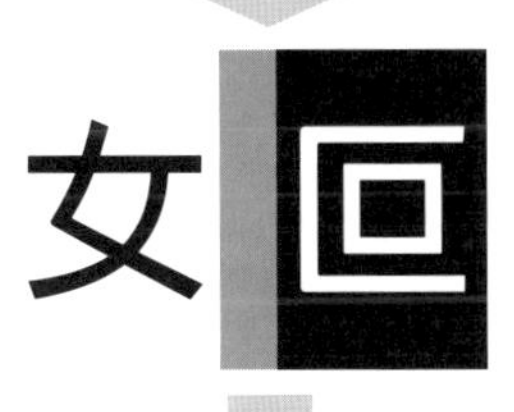

黄帝长子长孙世代以姬姓相沿袭，直至周朝

周朝结束后，后代改姓周而不再以姬为姓

“姬”是始祖黄帝的姓氏，是百家姓氏的根源

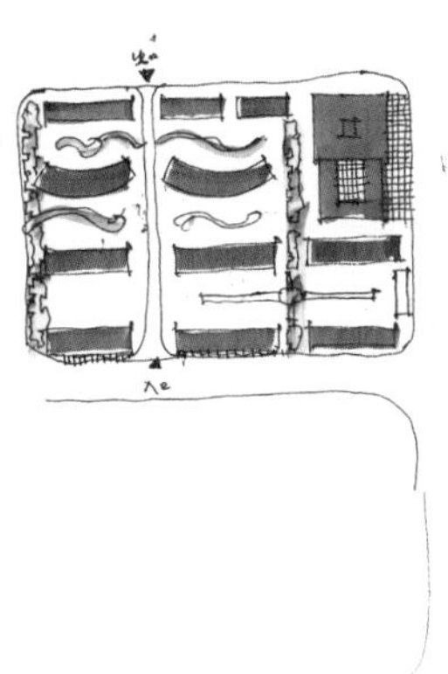

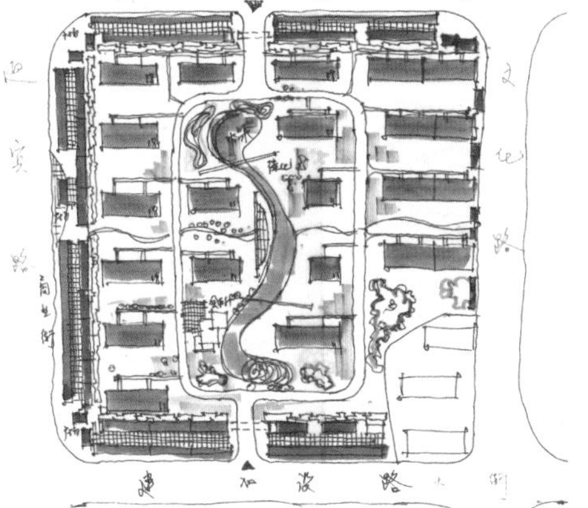

规划构思草图

局 · Plan

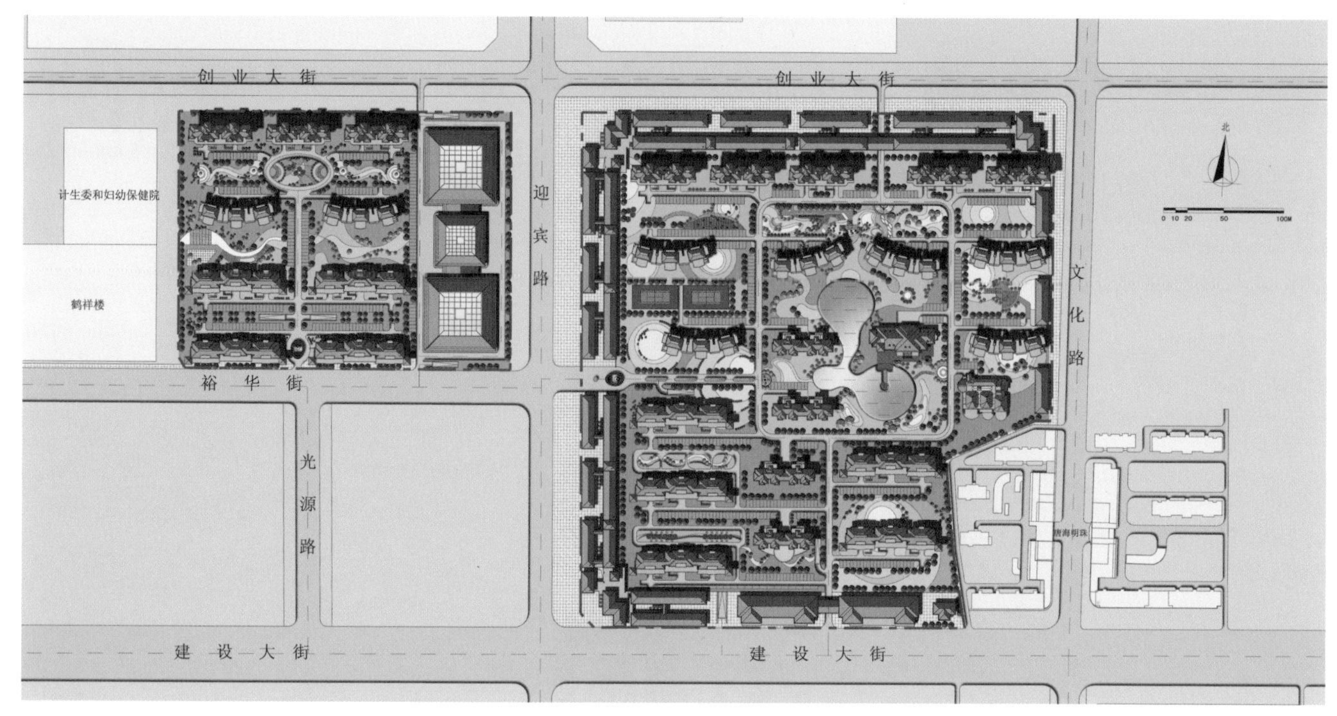

总平面图

面 · Facade

南立面图

迎宾路东立面图

技 · Technology

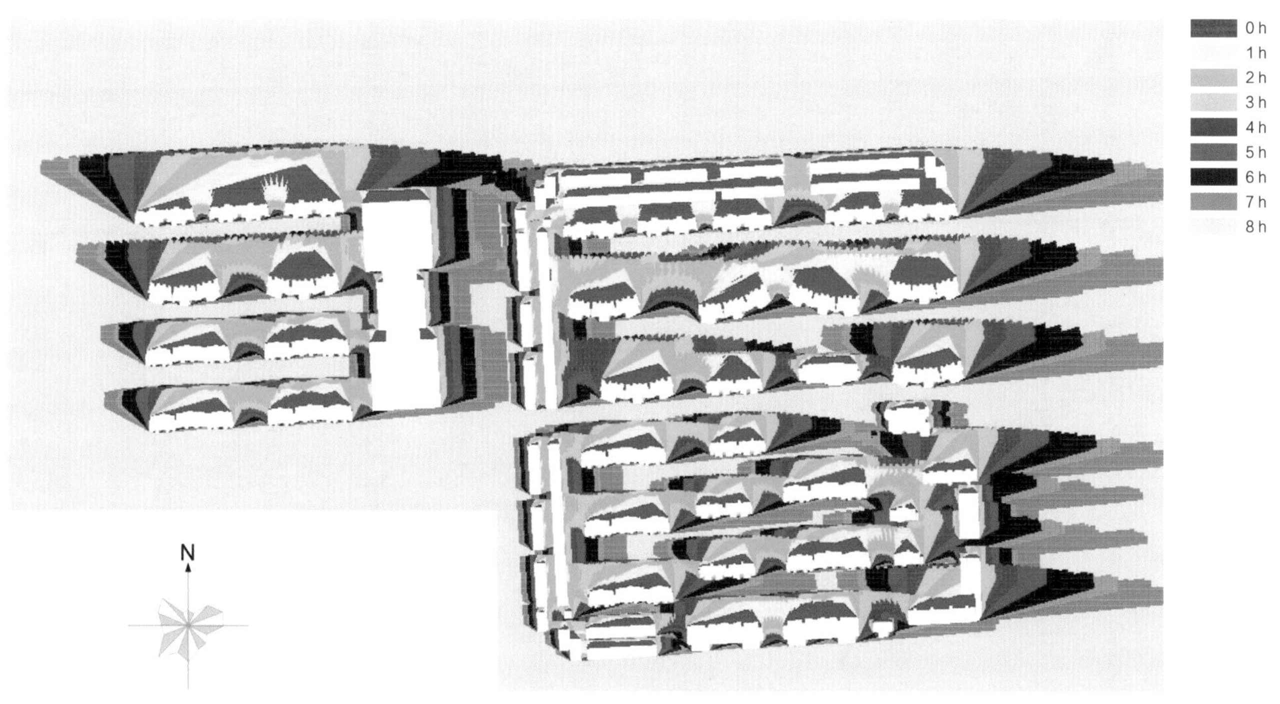

日照分析图

通 · Connection

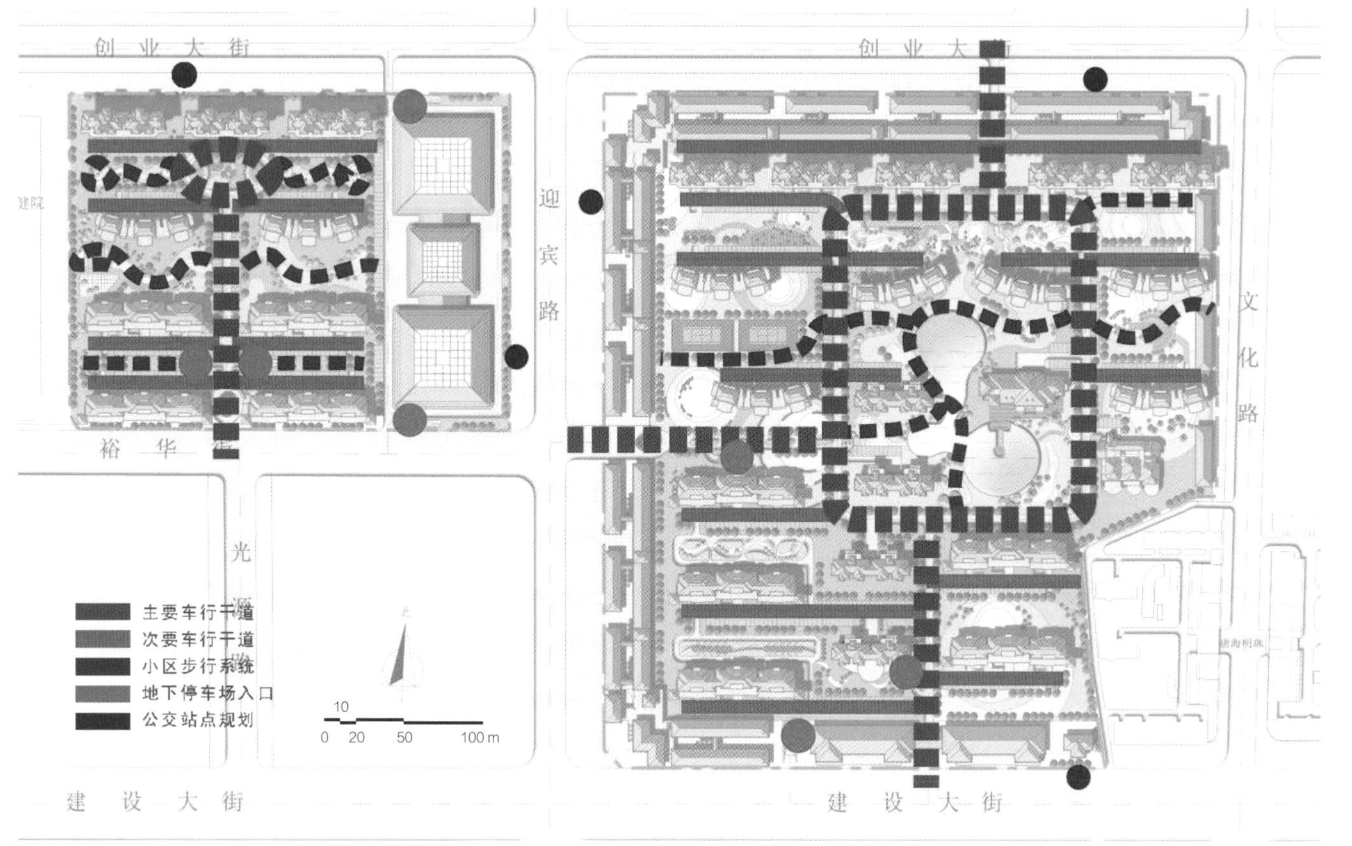

道路系统图

ZURICH
WATCH CO.
LANCASTER
BORBONESE
LOEWE
S.T.Dupont

夜景透视图

总体鸟瞰图

15 四川省攀枝花市阳光全景台·概念性规划设计
Concept Planning of Sun-panoramic View, Panzhihua, Sichuan, 2010

凤祥 / Phoenix

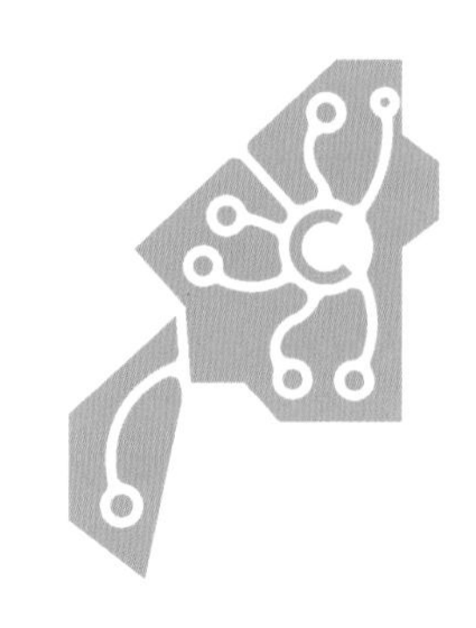

- 业主 / Client：
  内蒙古和平华瑞投资集团有限责任公司 / Neimenggu Hepinghuarui Investment Group Co., Ltd.
- 时间 / Time：
  2010.09
- 合作者 / Cooperator：
  吴佳颖 / WU Jiaying

域 · Region

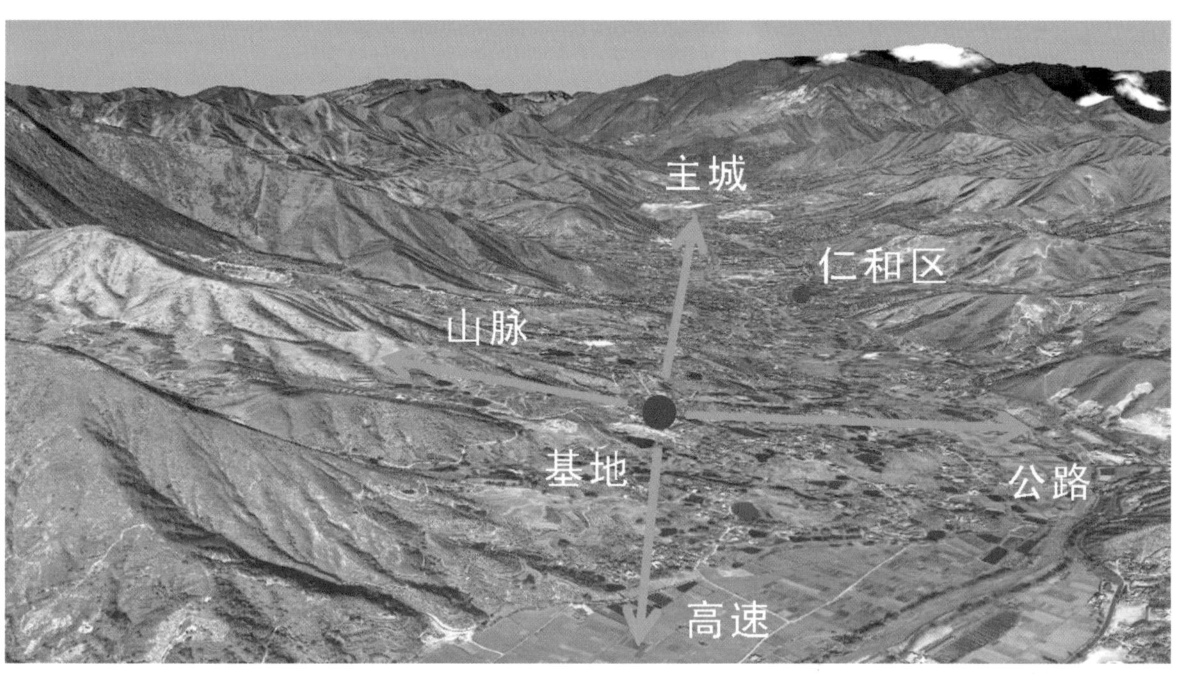

基地域景图

基地环境图

状 · Site

· 项目基地位于攀枝花市仁和区莲花村，东向 0.8 km 为大河街道中心和省道 S214，南接总发乡，距西攀高速公路出入口 4 km，北向 4 km 为仁和区委和区政府，西临岩神山脉。基地北边为监狱，西侧为吉祥驾驶学校，规划中的城市主干路网紧邻基地东侧。基地占地面积 9.6 hm^2，边界依地势和道路呈不规则状，入口位于北侧。项目所处半山腰位置，具有 360° 视野，是建设休闲养生项目的绝佳地段。

意 · Connotation

万里峰峦归路迷，未判容彩借山鸡。新春定有将雏乐，阿阁华池两处栖。

——[唐] 李商隐 ·《凤》

释 · Interpretation

· 凤凰亦称朱鸟，是传说中的百鸟之王，常用来象征祥瑞和太平。项目基地地貌形若凤姿，祥凤祥和。攀枝花市的市花为攀枝花，攀枝花也称木棉，产于粤、桂、滇、闽一带，被誉为英雄花。凤凰和攀枝花的寓意构成了项目规划创意的双主题。

· 攀枝花花红似盛情，盛开时叶片几乎落尽，远观好似一团团尽情燃烧的火苗。凤凰浴火而重生，取重生祥和之意，筑攀枝花涅槃重生，这是古老的神话传说与英雄花海的完美结合。规划中心绿地犹如花蕊紧密有序，放射状的路网如同绽放的花瓣，又仿似凤凰的翎羽优美蜿蜒。

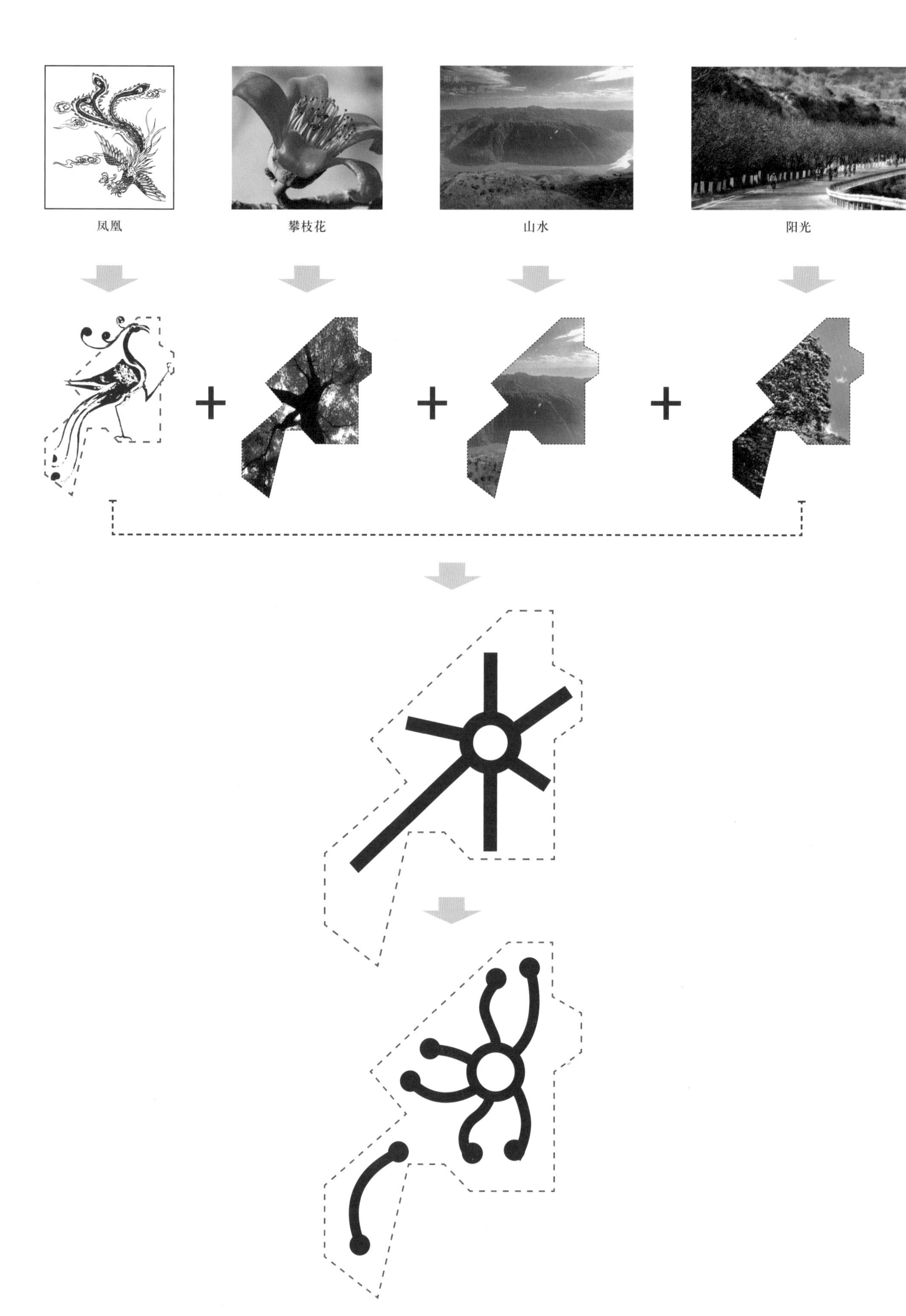
凤凰
攀枝花
山水
阳光

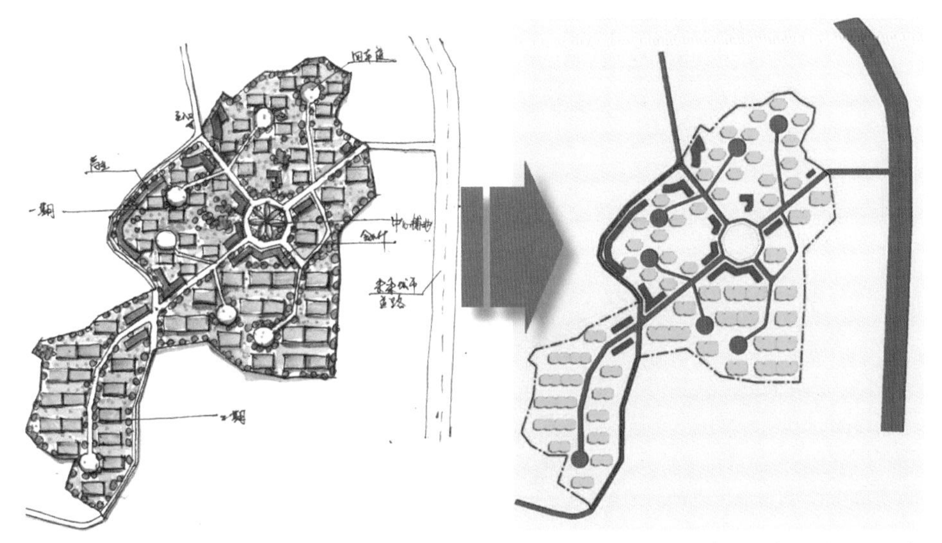

方案一构思草图　　特点：形成尽端式组团布局，容量增加，沿街商业

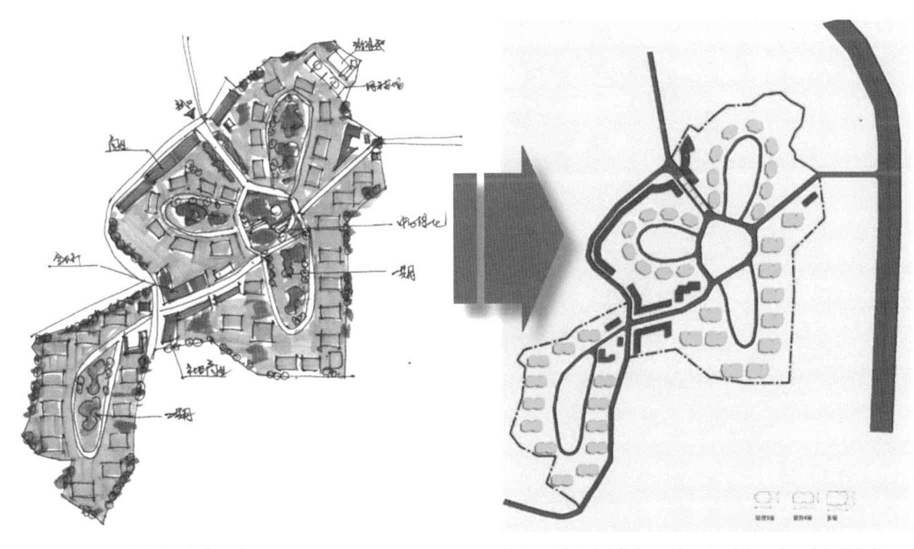

方案二构思草图　　特点：形成莲花状组团，功能明确，相对隐私

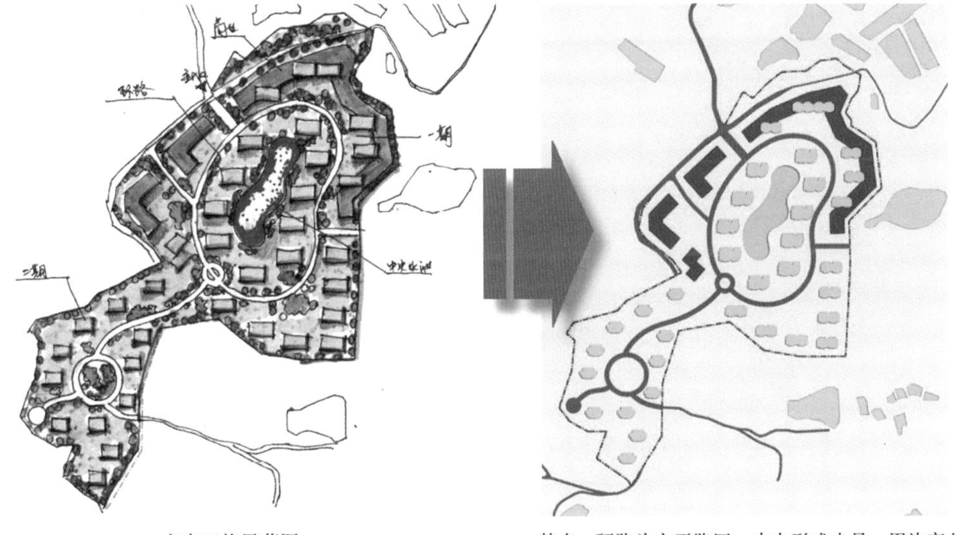

方案三构思草图　　特点：环路为主干路网，中央形成水景，周边商业

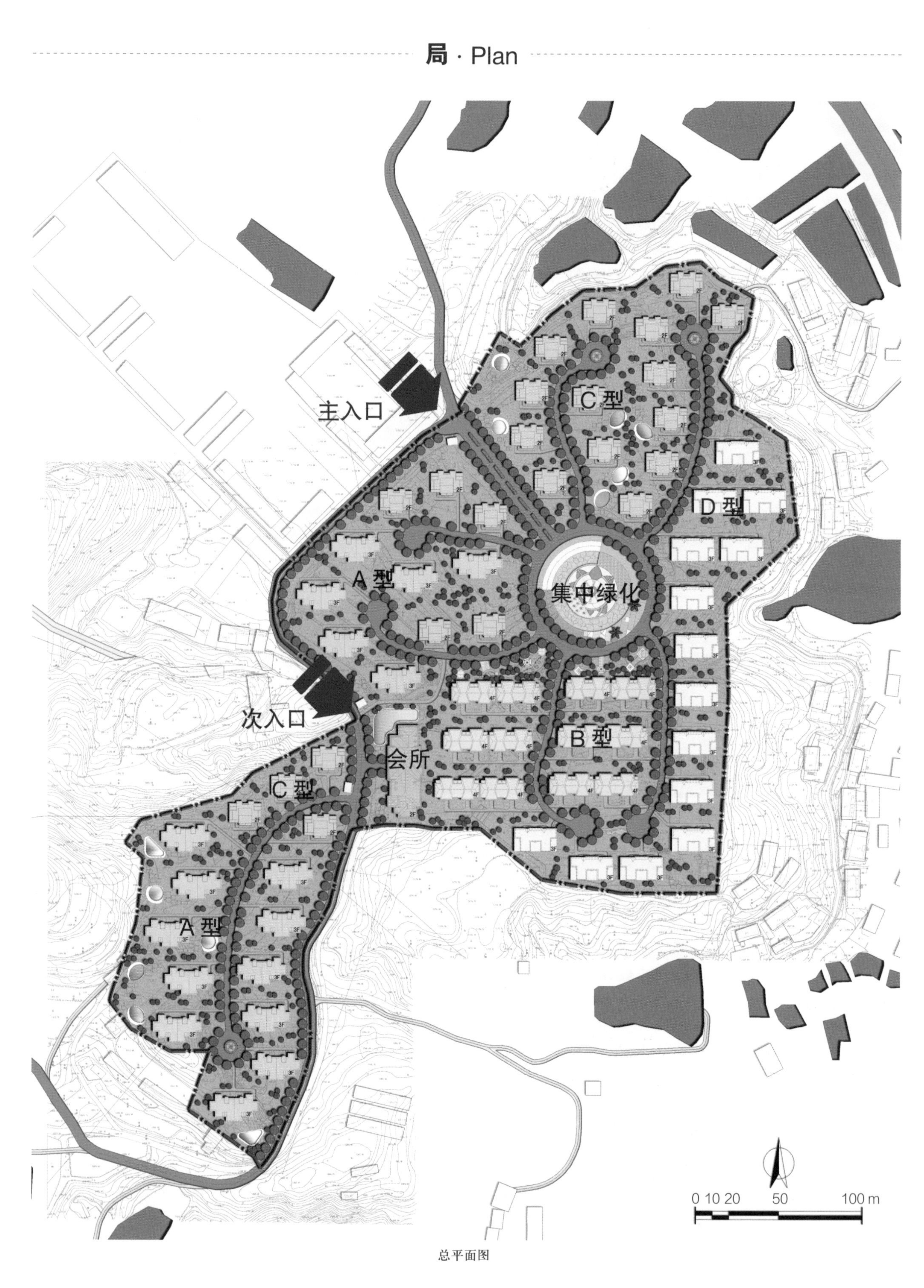

总平面图

额 · Quota

分项面积表

单体	栋数	建筑占地面积（m²）	总建筑面积（m²）
A 型	17	5 899.0	17 697.0
B 型	12	3 938.4	15 753.6
C 型	23	5 616.6	11 233.2
D 型	14	4 853.8	14 561.4
会所	1	1 033.8	2 067.6
总计	67	21 341.6	61 312.8

经济技术指标

项目	数值
总用地面积	96 782.84 m²
总建筑面积	61 312.8 m²
建筑占地面积	21 341.6 m²
容积率	0.63
建筑密度	22.1%
绿化率	64.1%
规划户数	170 户
规划停车位	255 个

面 · Facade

南立面图

东立面图

北立面图

通 · Connection

道路系统图

视 · Vision

局部透视图一

局部透视图二

局部透视图三

总体鸟瞰图一

总体鸟瞰图二

16 黑龙江省哈尔滨市道外区三马地区滨水空间·控制性详细规划和城市设计

Regulatory Detailed Planning and Urban Design of Sanma Waterfront Space, Daowai District, Harbin, Heilongjiang, 2010

界结 / Boundary

- 业主 / Client：
  哈尔滨市道外区人民政府 / Harbin Daowai People's Government
- 时间 / Time：
  2010.07
- 合作者 / Cooperator：
  吴佳颖 雷亭 / WU Jiaying, LEI Ting

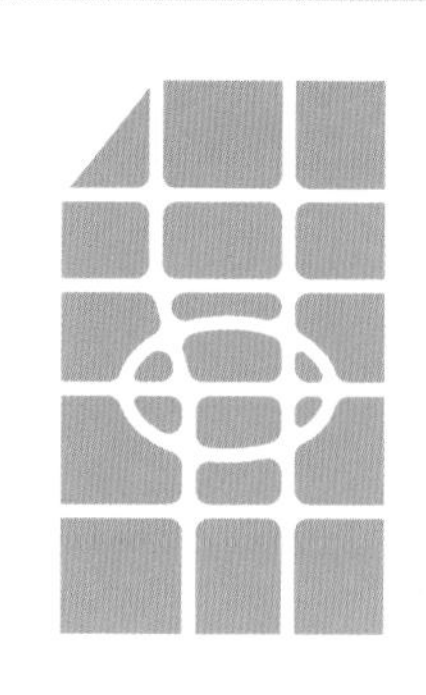

状 · Site

卫星照片规划红线图

· 项目基地位于道里、道外和南岗三个中心城区交汇处的三马地区，北临松花江，南靠中华巴洛克历史街区，西临滨州铁路，南望哈尔滨市八区体育场。

一、交通组织

· 由于滨州铁路线路基限制以及三马地块内大量集散交通的需要，造成道外三马地区交通要素混杂，交通高度集聚。区域内支路网络密度过低，导致三马地区的交通可达性较低，道路交通设施不能有力支撑该地区的发展，与该地区的城市功能和客货流需求不符。

二、空间形态

· 该街区建筑密度分布零散，缺乏核心聚集区，多数建筑形式杂乱，难以形成城市中心区的外部认知形象。

三、商贸形态

· 商贸业态高度复合，销储相杂，流线混乱无序。由于商业环境的凌乱带来品质的低下，已经阻碍三马地区的发展。

四、滨水空间

· 三马地区同最具特色的松花江滨水空间被北环路和青少年宫分割，形成靠江但不滨水的空间局限。

五、地下空间

· 区域内地下空间开发为零，空间资

源没有发挥最大效应，不符合现代城市对地下空间的开发要求。

六、特色空间

· 历史的道外街区有着丰富的历史文化资源，三马地区没有将这些资源融合聚集的平台，区域文脉缺失，对商贸层级提升产生制约。

留 · Protection

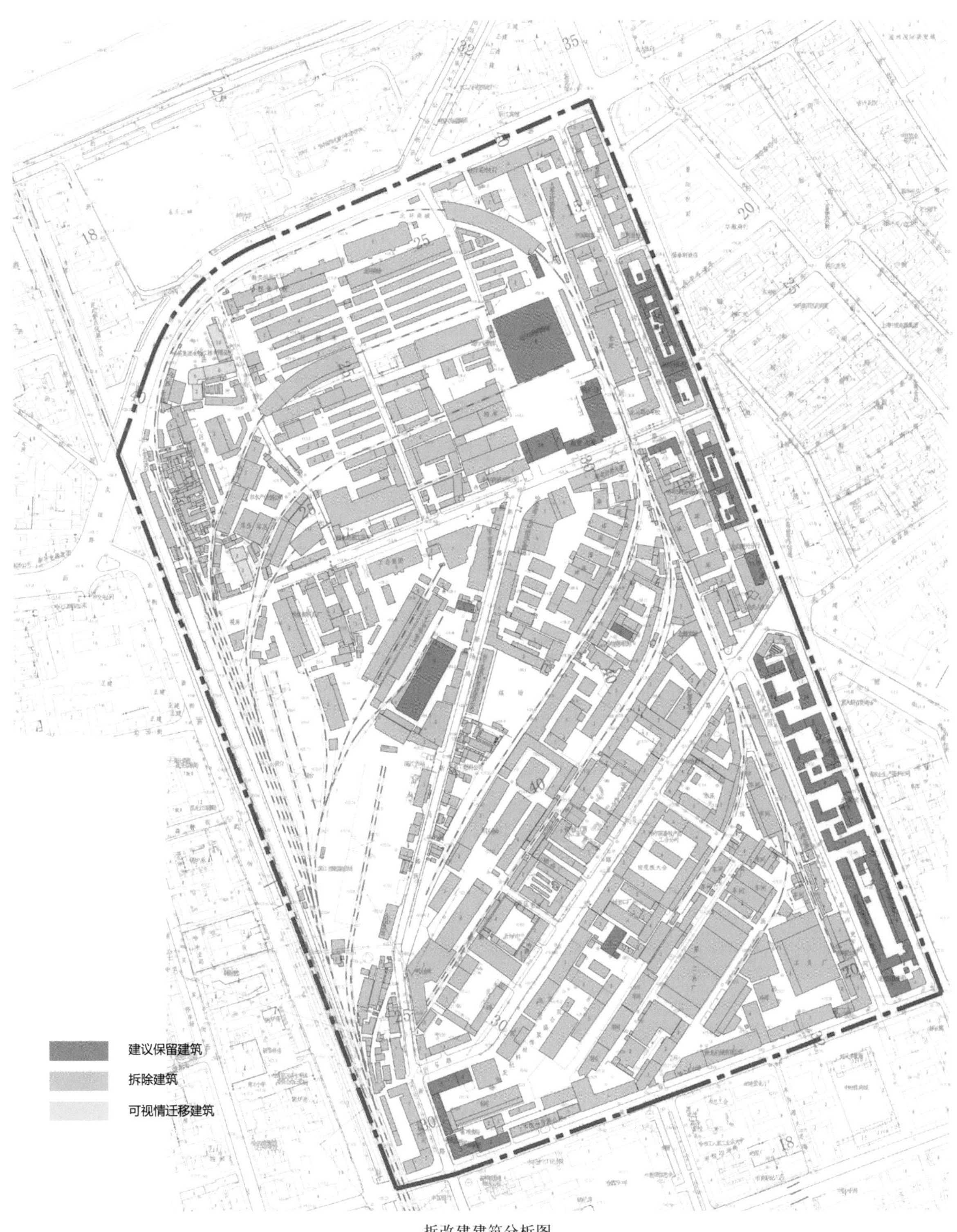

拆改建建筑分析图

意 · Connotation

只知逐胜忽忘寒，小立春风夕照间。最爱东山晴后雪，软红光里涌银山。

——[南宋] 杨万里 ·《最爱东山晴后雪》

释 · Interpretation

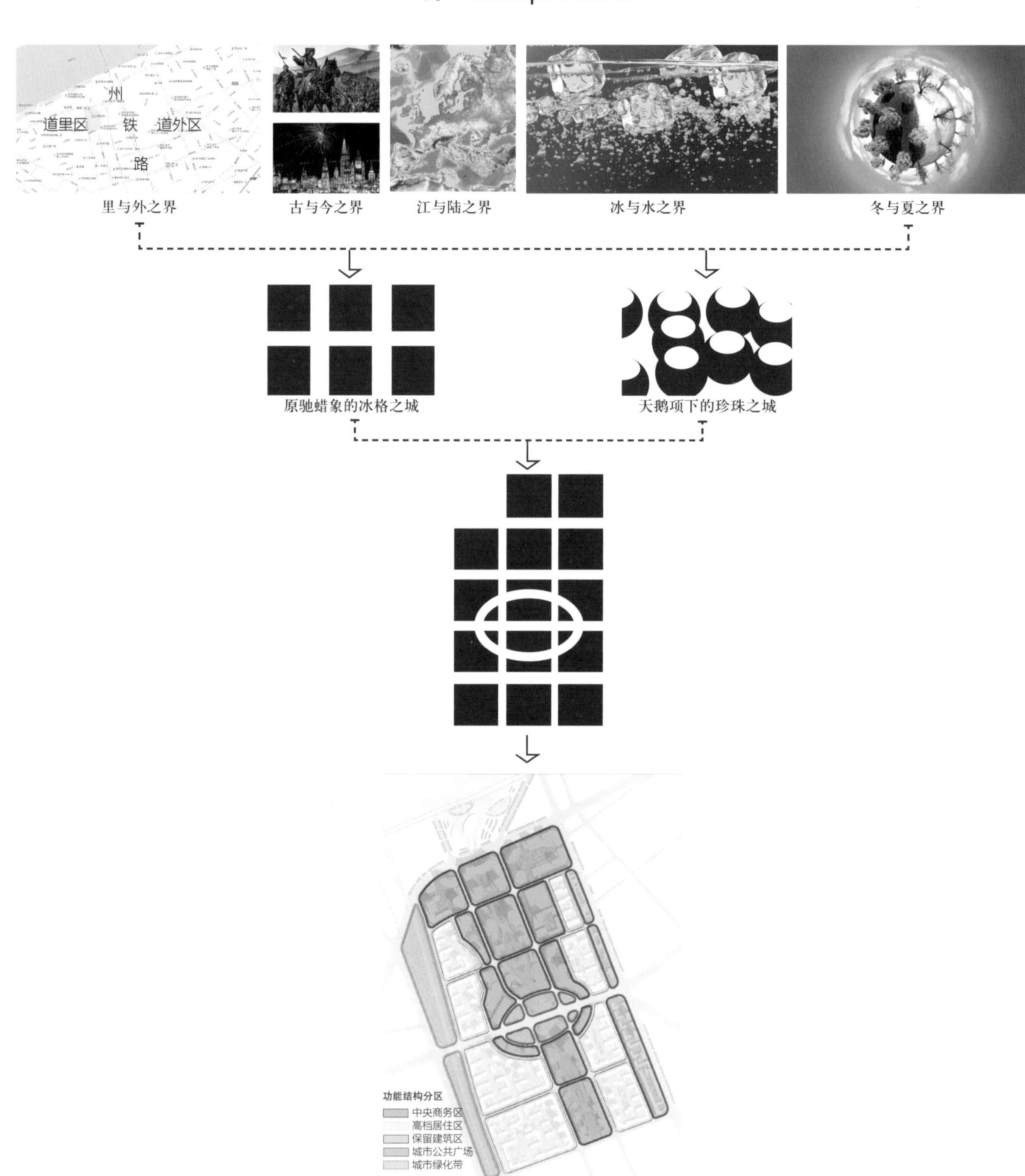

功能结构图

文 · Text

· 年复一年的冰与雨的交替变化过程中，孕育了东方璀璨的珍珠——哈尔滨。珍珠是一种有机宝石，自古以来一直被人们视做奇珍。将哈尔滨比作珍珠，足以体现这座城市职能的重要和浑厚的内涵。

一、规划目标

· 1. 联通项目地块和滨水空间，使三马地区的南北主轴通江达水，引入生态景观系统和区域中心广场共生共荣。

· 2. 根据区域功能特征整合用地结构，确保整个区域结构清晰，城市功能配置合理，增加道路、广场、绿化、地下空间和停车用地。

· 3. 结合地铁和地下空间等专项规划要求，以均好发达的公共交通系统支撑区域发展，打造上下一体化的城市空间，综合解决三马地区的交通和停车问题，实现地下空间全方位多层面的综合利用和商业开发。

· 4. 整合历史资源，构建格局清晰、整体有序的城市形态结构，塑造兼容老城特色风貌和现代都市风格的城市空间景观。

二、规划原则

· 1. 优化土地使用。根据地区的功能定位，对工业和仓储用地中居民点用地等进行用途变更，由此提供的开发用地主要用于增加商务办公、商业、公共服务设施、居住用地和公共绿地。

· 2. 完善公共服务设施。根据住宅组团用地的空间布局和居住人口规模的预测，利用并开发用地，从数量、规模和布局三个方面，完善各类公共服务设施。

· 3. 提升交通条件。优化规划范围内部的交通联系，形成便利的交通网络，为规划区内的各个功能之间的联系，以及各功能区向外扩散创造有利条件。

· 4. 增加公共绿地。依托松花江的良好景观条件，引入公共绿地和街头绿化，结合居住区内的公共设施，形成南北向绿化主轴，并通过楔形绿化深入规划区各个功能地块内，提升地块整体品质。

· 5. 塑造宜人开放的空间体系。由于地块位于交通性干道以及铁路周边，因此处理好公共活动空间与交通之间的关系尤为重要。

构 · Structure

· 用地布局形成“一芯、两轴、三横、多片区”的规划结构。

一、一芯

· 南北向景观和公共设施主轴与南勋街为主的东西向公共轴线的交汇处，以芯都市理念为引领，形成都市广场为中心的区域核心，空间上为规划范围的重心，功能上以商务、文化、办公和居住混合功能为主的高档次综合区。

二、两轴

· 纵轴为以开源街和东开源街为界限的中央绿化景观轴线，轴线范围以及两侧分别布置商务办公和文化娱乐等设施，形成以绿为主、结合共建的综合轴线。横轴为南勋街两侧的沿街商业服务设施，以此向东西两侧城区引导商业和公共服务设施功能。

三、三横

· 指片区内三条生活性支路，它们穿插于商业、商务、居住之中，以窄马路和密路网的规划形态分割街区，同时也起到缝合各个功能区的作用。在生活性支路形成以餐饮、娱乐、休闲功能为主居住区级公共服务设施带。

四、多片区

· 根据城市各级道路的设置，本次规划范围内主要被划分为 16 个不同功能的片区，主要功能有商务办公、商业、文化娱乐、商住混合、广场绿化等。其中部分地块为功能混合地块，兼具两种以上功能，形成用地横向混合的发展模式。对于片区内部，则采用纵向混合的布局模式，如底层商业与居住的混合、底层公建与居住的混合等。

总平面图

面 · Facade

南立面图

北立面图

东立面图

西立面图

层 · Layer

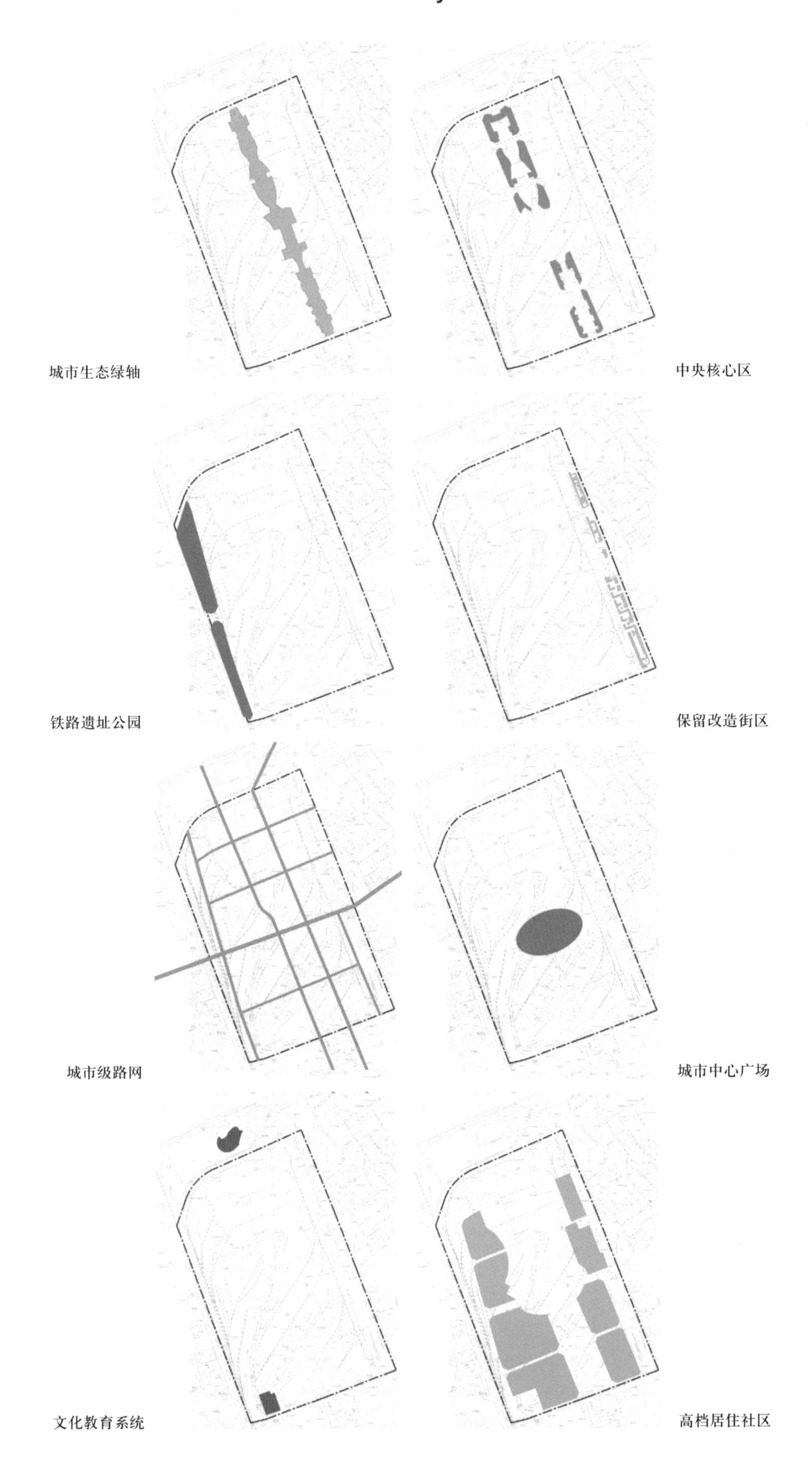

城市生态绿轴

中央核心区

铁路遗址公园

保留改造街区

城市级路网

城市中心广场

文化教育系统

高档居住社区

高 · Height

建筑高度分析图

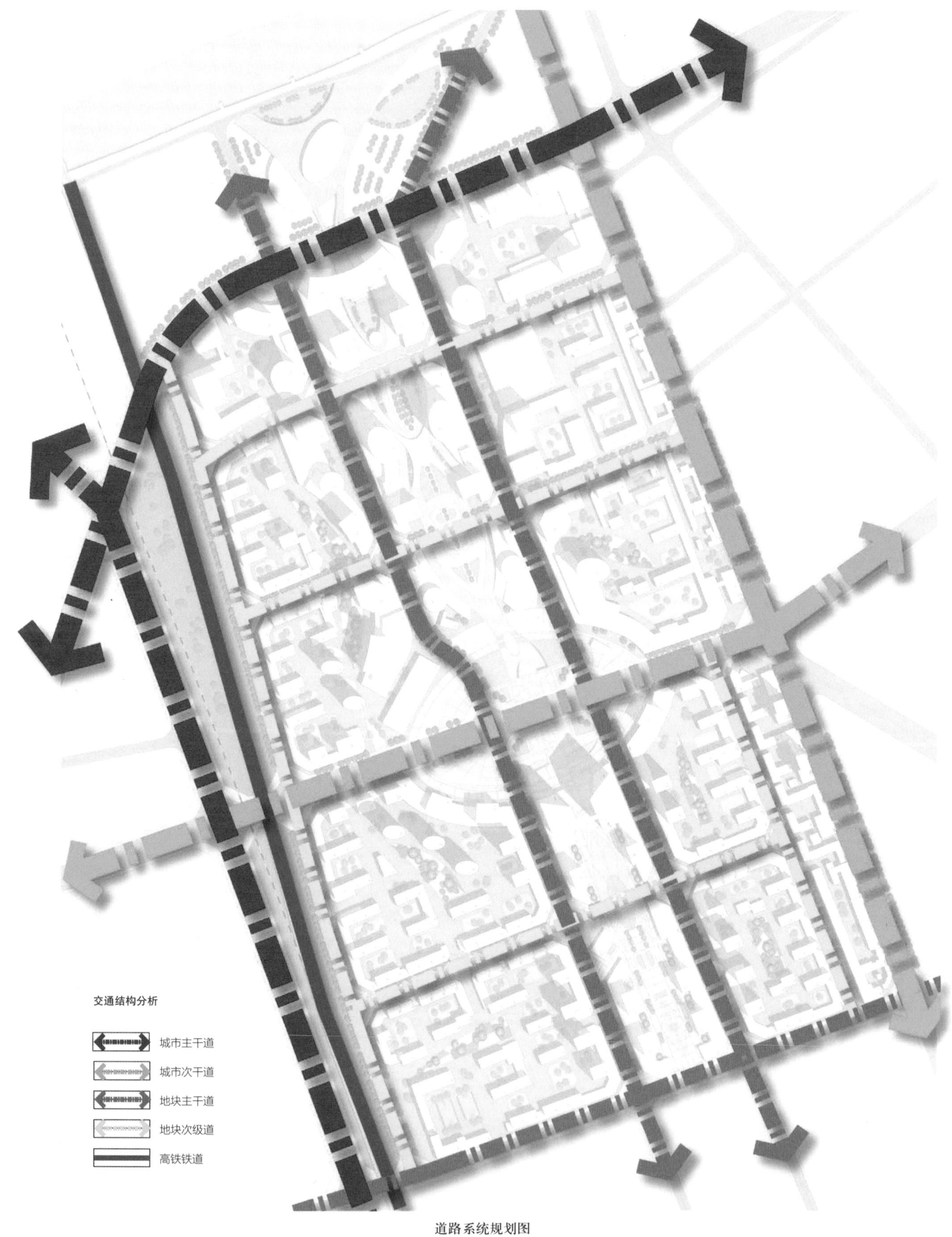

道路系统规划图

策 · Strategy

· 由于哈佳高铁的建设，基地西侧沿铁路建筑退界后形成大片空地，虽不能用于住宅开发，但可以变废为宝，利用原有的铁路遗迹设计成主题公园。该地块内的植被可以为城市吸收铁路造成的噪声，同时可以起到城市空气净化器的作用。

· 充分利用原有的遗迹，同时通过转换其功能使得土地性质转性，以更好地节约用地。新建的铁路遗址公园在一定程度上反映了三马地块的历史，将其用特定的语言记录下来，很好地表达了场所的历史感。作为哈尔滨历史的见证者，遗址公园必将成为哈尔滨城市的历史教科书，载入哈尔滨城市发展史册。

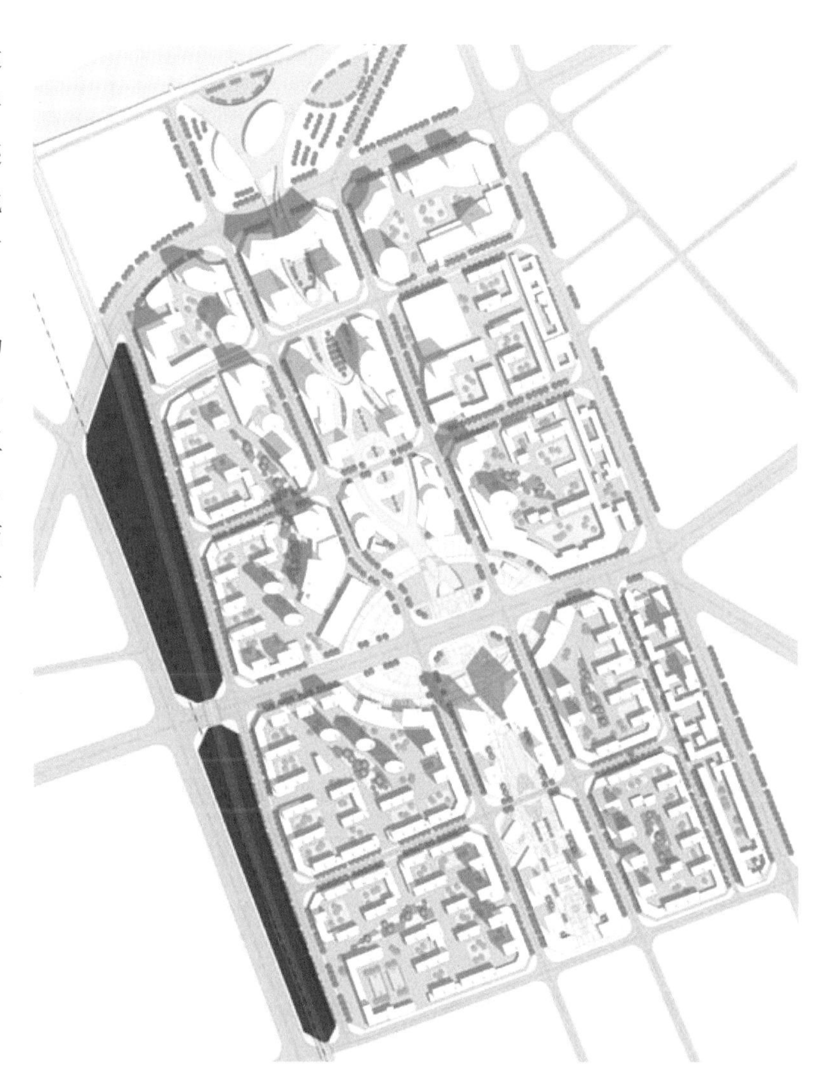

铁路遗址公园的引入

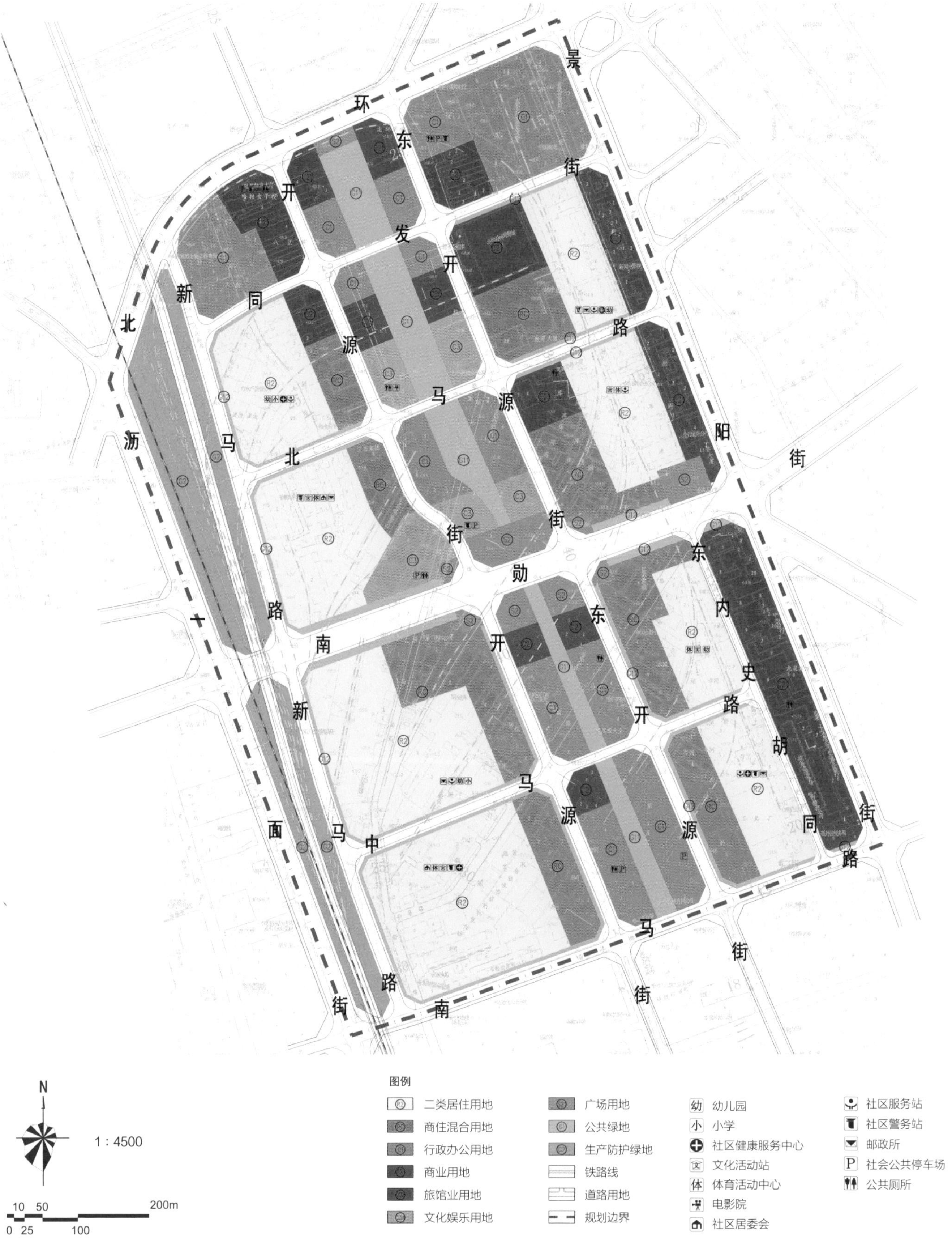

N

1 : 4500

10 50 200m
0 25 100

图例

二类居住用地
商住混合用地
行政办公用地
商业用地
旅馆业用地
文化娱乐用地
广场用地
公共绿地
生产防护绿地
铁路线
道路用地
规划边界
幼 幼儿园
小 小学
社区健康服务中心
文 文化活动站
体 体育活动中心
电影院
社区居委会
社区服务站
社区警务站
邮政所
P 社会公共停车场
公共厕所

土地利用规划图

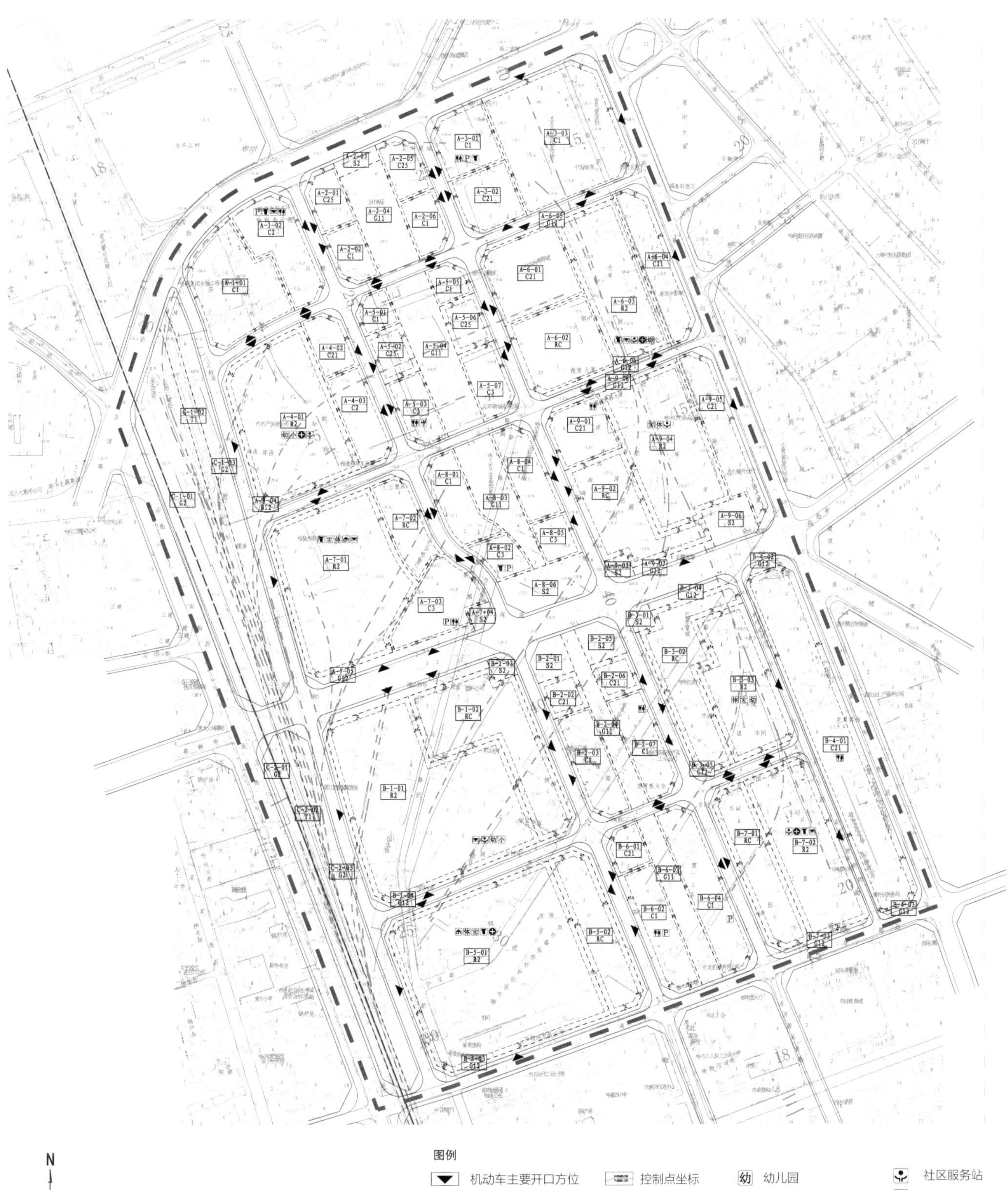

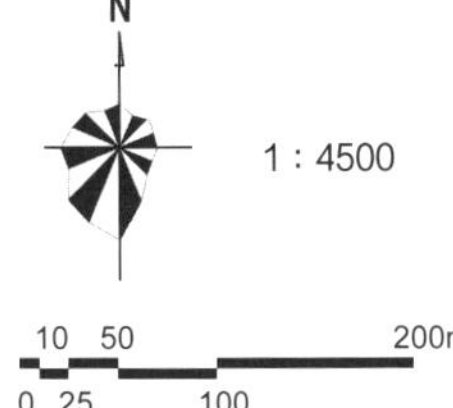

图例

- 机动车主要开口方位
- 建筑后退红线距离
- A-1-01 地块编号
- 地块线
- 禁止开口路段
- 控制点坐标
- 铁路线
- 道路用地
- 规划边界
- 幼 幼儿园
- 小 小学
- 社区健康服务中心
- 文 文化活动站
- 体 体育活动中心
- 电影院
- 社区居委会
- 社区服务站
- 社区警务站
- 邮政所
- P 社会公共停车场
- 公共厕所

控制性规划总图则

透视图一

透视图二

总体鸟瞰图

透视图三

夜景鸟瞰图

17 黑龙江（国家级）现代农业示范区·概念性规划设计

Concept Planning of Heilongjiang Modern Agricultural Demonstration Park, Harbin, Heilongjiang, 2010

谷域 / Grain Region

- 业主 / Client：
  黑龙江农业科学院 / Heilongjiang Academy of Agricultural Sciences
- 时间 / Time：
  2010.03
- 合作者 / Cooperator：
  吴佳颖 / WU Jiaying

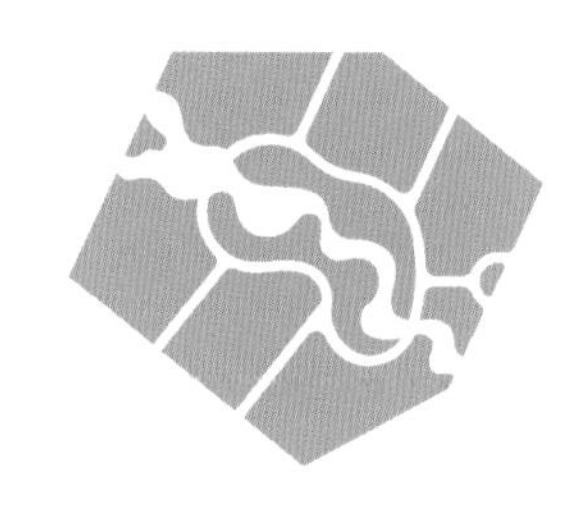

状 · Site

一、项目选址

· 黑龙江（国家级）现代农业示范区位于哈尔滨市道外区民主乡，地理坐标为东经126°48′55″～126°51′26.50″，北纬45°49′44.33″～45°51′1.60″。区域面积约536.53 hm²，计8 047亩。示范区北临民主乡福昌屯和天理屯，南临民主乡新立屯，西接民主乡城镇中心，东达哈尔滨近郊第一山天恒山。

二、区位优势

· 作为现代农业示范区，项目基地具备农业发展的自然条件，温度、光照、水源及土壤性状符合种植业、养殖业发展需要。松花江泵灌水源和地下井水能够保证水产养殖展示、水田科学试验和水生种植的展示需要。平坦的耕地能够保证标准化生产示范及设施栽培用地的需求。

三、场地特征

· 示范区可明显分为台地地貌和冲击平原地貌，台地和平原交界处呈悬崖式断层构造，悬崖高度为20 m左右。台地高程为140～154 m，总体坡向呈东南高、西北低，南北最高点高差约14 m。

四、用地现状

· 在示范区中间和北部的台地上，有一深一缓东南至西北走向的古河道贯穿其中，将示范区分割成南北两大部分。深缓两沟分别被当地人称为“鸭子沟”和“二道沟”。鸭子沟横断面总长度为2 177 m，沟底高程在120～140 m之间，沟底坡降在0.46%～1.4%；断面深度为10～12 m，宽度230 m。二道沟沟长1 049 m，沟底高程127.5～135 m。断面沟深为8 m，宽250 m。

· 示范区地貌比较丰富，有平原、有台地，台地上还有古河道。其中占台地面积20%的两条古河道，可以因势利导地利用，规划为水产养殖区，或者人工湖，或晒水池。

五、场地水土

· 示范区土壤为黑土，黑土层厚度25～40 cm，黏土状母质层厚度为30～35 m，其下沙层含有丰富地下水，稳定地下水位深度为30～40 m。

意 · Connotation

梅子金黄杏子肥，麦花雪白菜花稀。日长篱落无人过，惟有蜻蜓蛱蝶飞。

——[宋]范成大 ·《夏日田园杂兴 · 其二》

释 · Interpretation

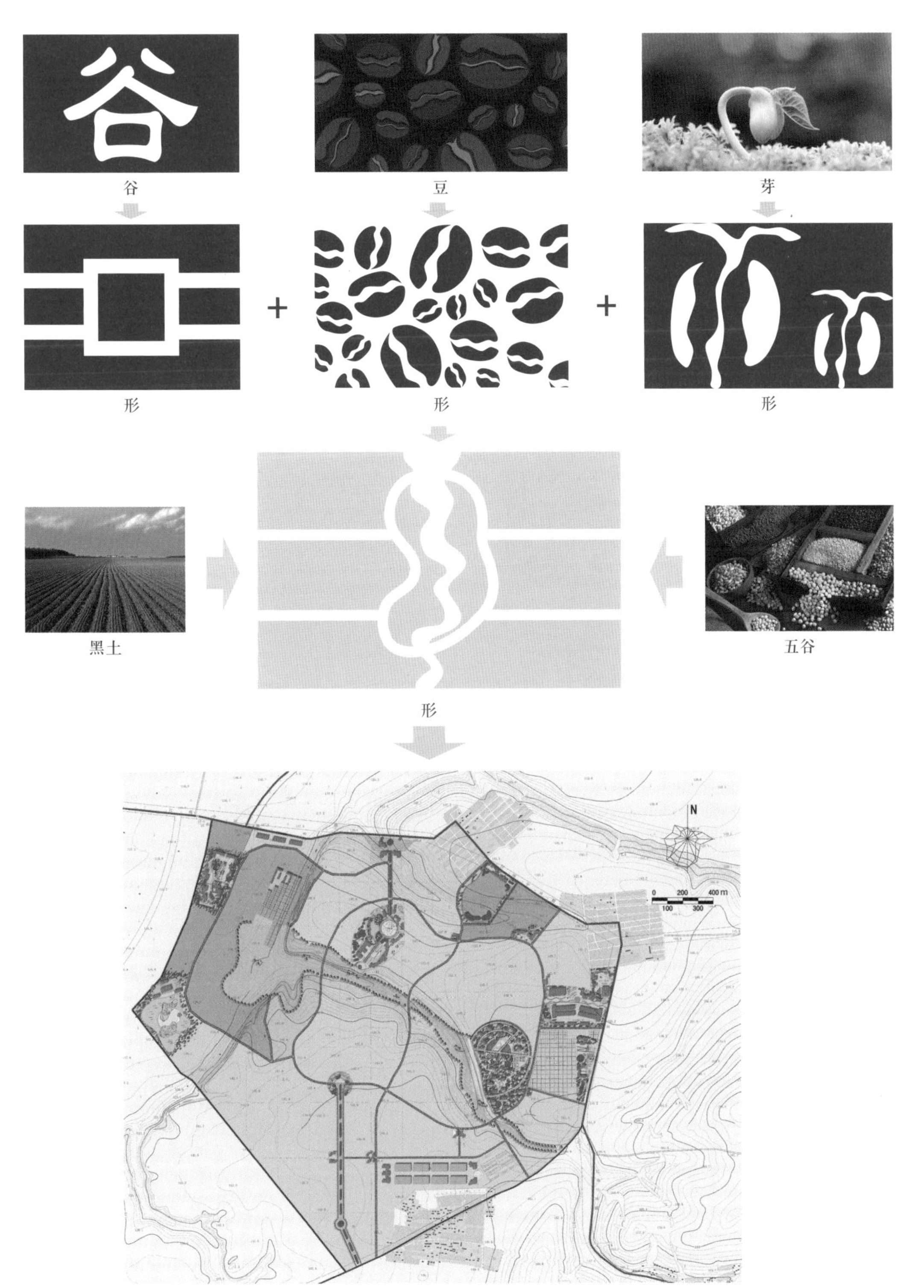

第一轮方案总平面图

基 · Basis

规划范围红线图

文 · Text

一、项目意义

· 通过建设发展现代农业示范区，整合黑龙江省农业领域的实验、生产、孵化、科研、教育、农游等优质资源，积聚农业龙头企业，帮助黑龙江的农业生产、提高农民收入、建设社会主义新农村。通过现代农业园区的形式，将先进农业科技注入当地农村，把论文写在大地上，将丰收带到农民家，推进黑龙江省农村和农业的发展。

二、项目效应

· 1. 黑龙江现代农业示范区在黑龙江省乃至东北亚地区起着农业的引领示范作用，可以使现代农业的最新技术和经营理念在东北寒地沃土上开花结果。

· 2. 建立工厂化农业产业园区，引进新的农业业态。

· 3. 为广大农村提供农业专业技术服务，带动农户增产增收。

· 4. 将农业旅游融汇于示范区建设中，创造松花江滨水农业休闲空间。

三、规划原则

· 1. 倡导生态建设和自然环境保护优先的原则。

· 2. 运用农业功能与休闲观光相结合的原则。

· 3. 贯彻人与自然和谐的规划设计原则。

· 4. 坚持规划的可实施性原则。

四、总体布局

· 根据示范区资源属性、农业特征及其现状环境，在保持原有的自然地形和原生态系统的完整性的基础上，结合示范区未来发展的客观需要，形成十大特色区域。十个功能区分别为研发管理区、国际交流区、观光文化区、农耕体验区、科技孵化区、生态湿地区、农业创新区、水田种养区、加工服务区和预留发展区。中环以内为整个园区功能与空间上的集聚区域。

案 · Scheme

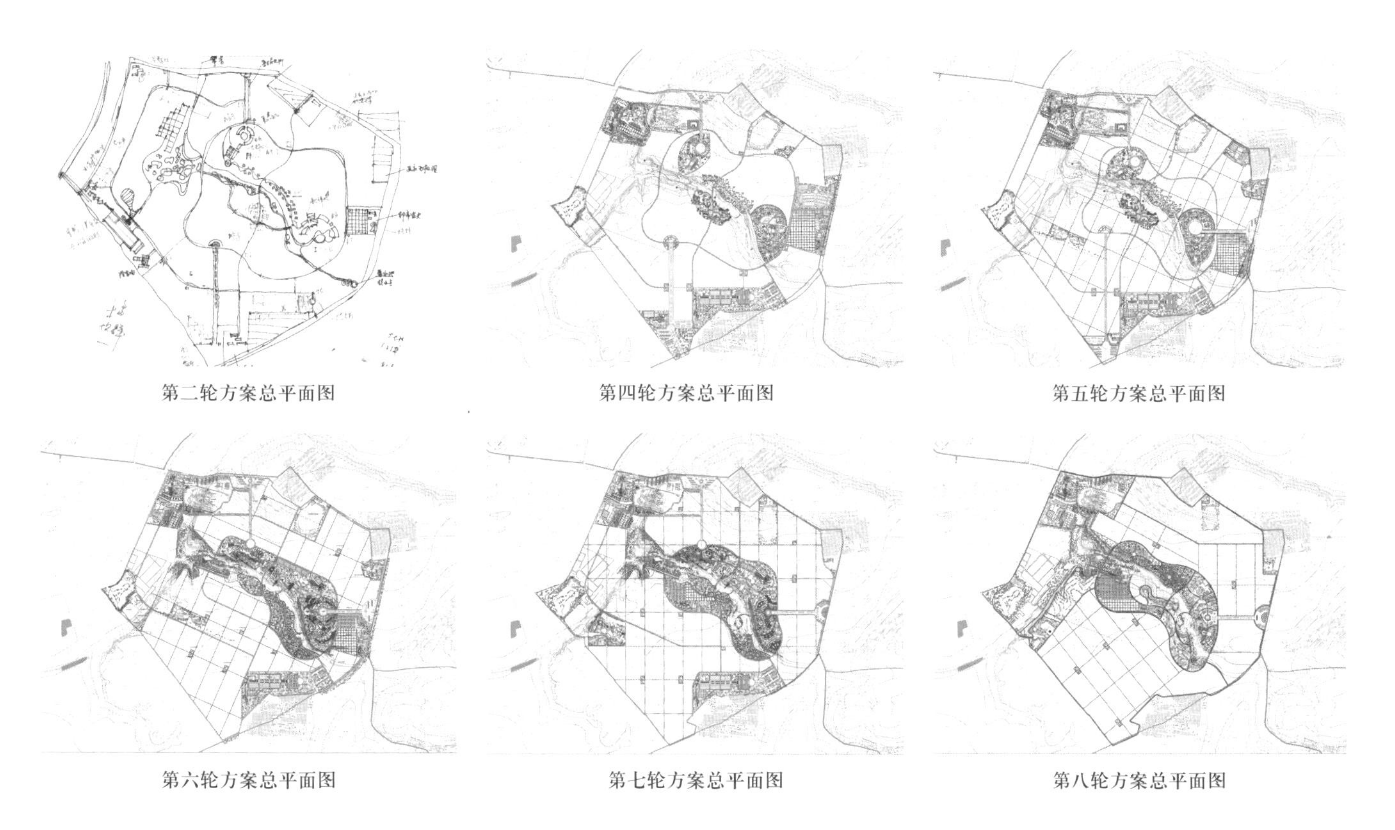
第二轮方案总平面图　第四轮方案总平面图　第五轮方案总平面图

第六轮方案总平面图　第七轮方案总平面图　第八轮方案总平面图

局 · Plan

总平面图

能 · Function

功能主题规划图

拔 · Elevation

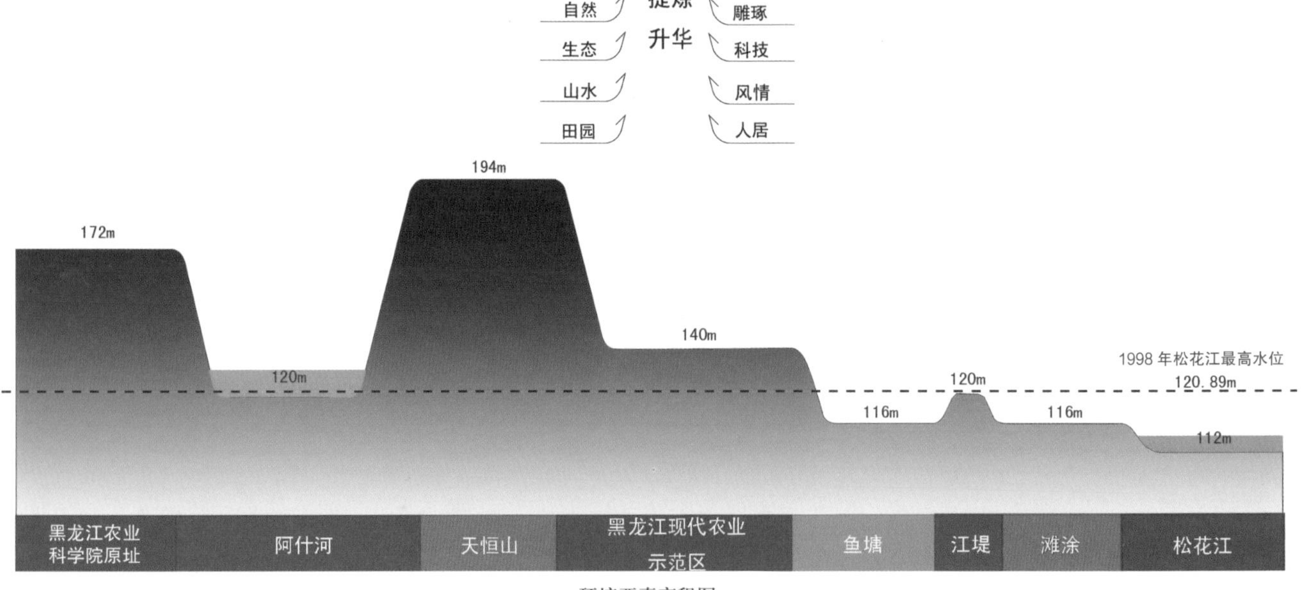

环境要素高程图

详 · Details

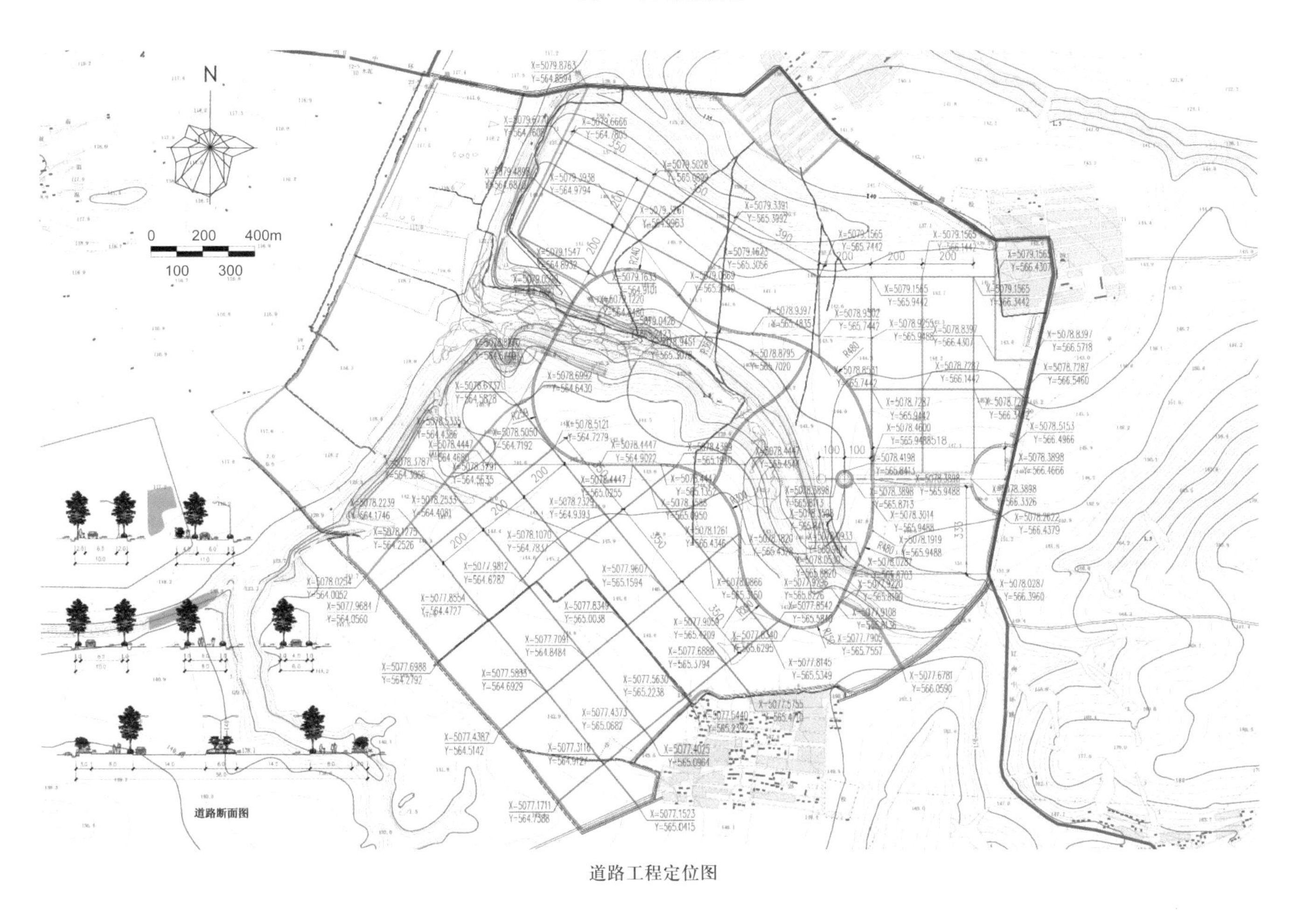

道路工程定位图

光 · Lighting

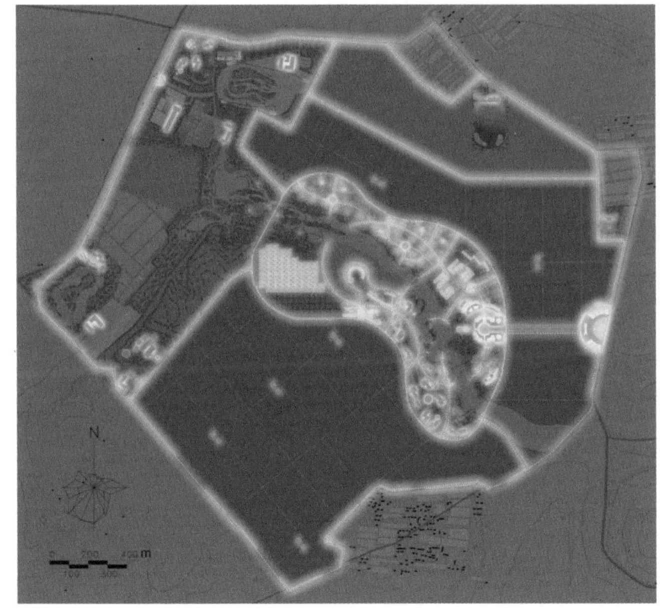

照明规划图

成 · Achievement

规划实施效果航拍图

总体鸟瞰图一

总体鸟瞰图二

18 黑龙江省哈尔滨市征仪路土地一级开发项目 · 城市设计
Urban Design of Zhengyi Land First-level Development Project, Harbin, Heilongjiang, 2010

金场 / Golden Association

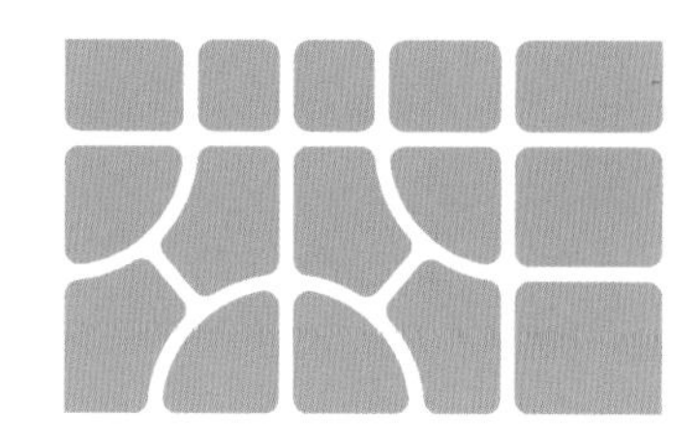

- 业主 / Client：
  哈尔滨市国土资源局 / The Harbin City Bureau of Land and Resources
- 时间 / Time：
  2010.03
- 合作者 / Cooperator：
  吴佳颖 / WU Jiaying

状 · Site

卫星照片总平面图

- 项目位于哈尔滨市南岗区南部和哈南新城北侧，紧邻学府路大学区。地块红线东至哈平路，西至学府路，北至科研街，南至跃兴街，总用地面积为 163.19 hm^2。

意 · Connotation

大漠沙如雪，燕山月似钩。何当金络脑，快走踏清秋。

——[唐] 李贺 ·《马诗 · 五》

释 · Interpretation

金字由人王干土四部分构成，意指金是劳动者由沙土（金矿）中提炼并经过淘铸，在古时为王所用

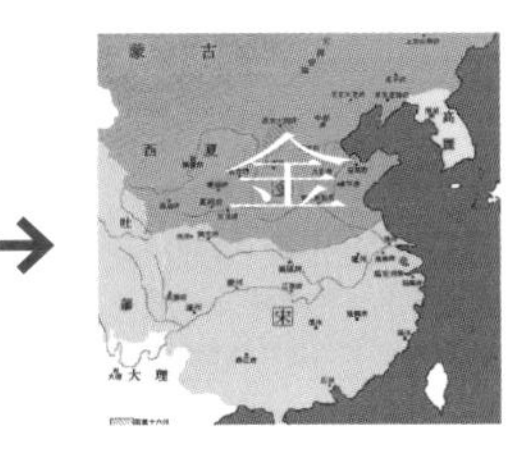

1115 年 1 月 28 日，女真领袖完颜阿骨打称帝建国，国号大金

女真族，勃兴于今黑龙江、松花江流域及长白山地区

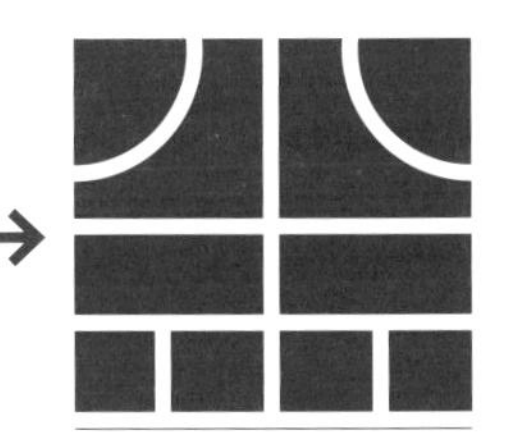

哈尔滨是金朝的发祥地。挖掘金朝的时代文明，是对城市的最好阐释

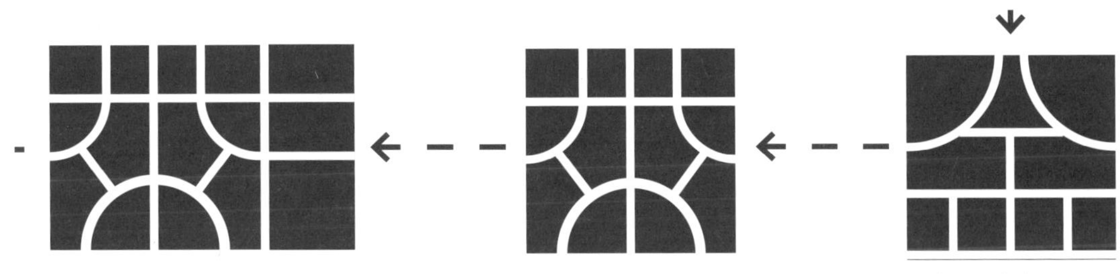

女真人用家乡 Anchuhu 河的名字命名他们所建立的王朝——金

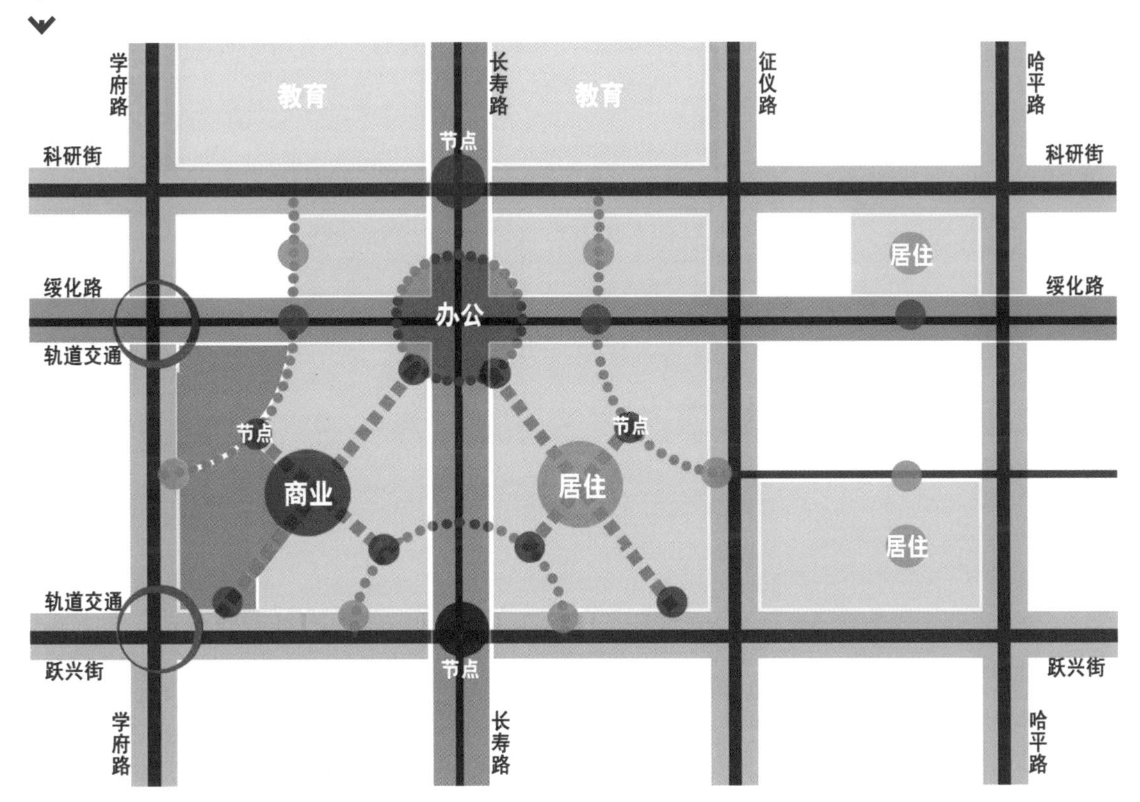

规划结构图

肌 · Texture

· 哈尔滨的城市肌理是这座城市历经百年的岁月洗礼而积淀形成的形态特征，它是一部活的城市历史，印记着国际城市规划发展的理论痕迹和实践案例，是今天城市规划的文明素材和基因要素。哈尔滨的街坊、道路、桥梁、树木、花草和设施等的综合构成和建筑艺术的色彩、高度、立面和体量等构成了其城市肌理的基底。

城市肌理

法国巴黎

吉林长春

哈尔滨教化广场

项目区域城市肌理

哈尔滨理工大学

哈尔滨学院

黑龙江大学

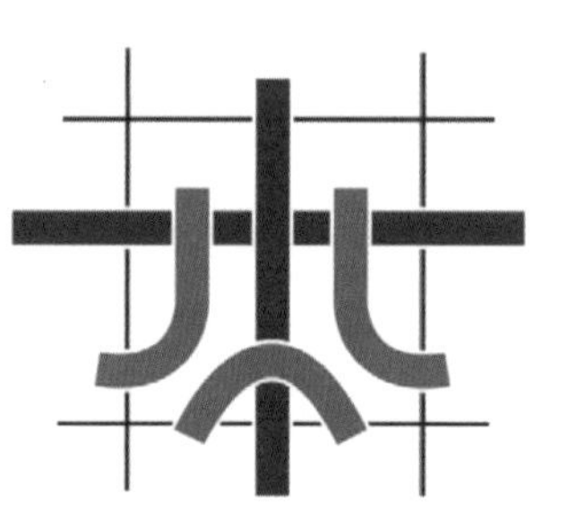
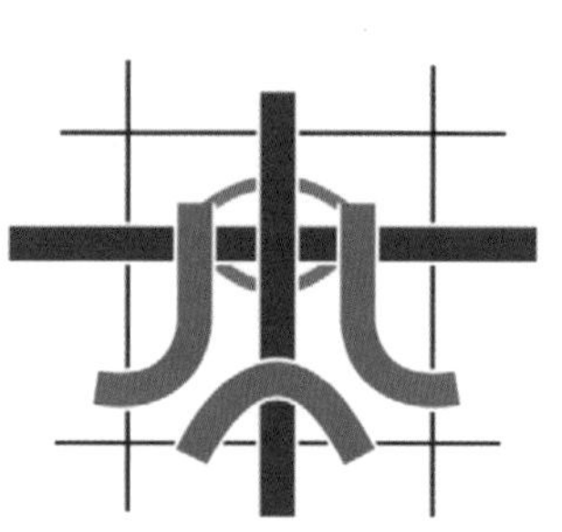

城市肌理要素演绎

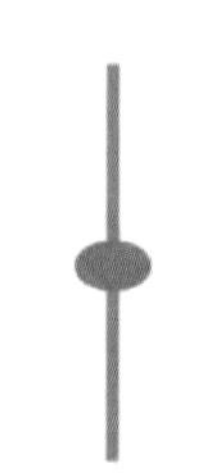

核心区功能要素演绎

析 · Analysis

区位优越：哈尔滨南部，哈南新城北侧，紧邻大学区。
交通便利：绕城高速以内，近绕城高速学府路匝口；轨道交通 1 号线农科院站、哈尔滨南站。
人文景观资源良好：紧邻大学区的地理区位使其具有很高的文化价值和景观价值。
商业基础良好：基地西侧有黑龙江绿色食品交易中心、果菜批发市场、服装批发市场，周边高校云集，人口众多，潜在消费市场巨大。

周边整体环境较差：基地周边用地较凌乱，建筑风格不协调，整体环境印象亟待改善。
用地局部不完整：基地用地边界局部较复杂，对整体开发有一定的不利影响。
保留建筑对规划的制约：基地东南角保留的在建小区（学院新城）定位为配套商品房，这对本规划的总体定位有一定的制约。

优势 S　W 劣势

机遇 O　T 挑战

现代大都市建设：为将哈尔滨建设成现代大都市，市政府提出以建设工业大城、科技新城、北国冰城、文化名城、商贸都城的发展战略定位，全面实施“北跃、南拓、中兴、强县”发展战略。
“文化南岗”城市名片的打造：随着南岗区城市功能布局的优化和城市对外窗口的打造，区域形象将逐步改善，文化品位日益提高。
轨道交通建设：随着地铁 1 号线的建设开通，区域内交通更为便捷，周边配套设施将进一步完善。

周边竞争挑战较大：项目所处区域正处于快速发展时期，房地产开发项目日益增多，对项目有一定竞争压力。
区域认知度较低：由于历史原因，项目所针对的“三高”人群对于区域的认知度和居住认同度较低。

项目 SWOT 分析

局 · Plan

总平面图

地 · Land

土地利用规划图

光 · Lighting

照明规划图

彩 · Colour

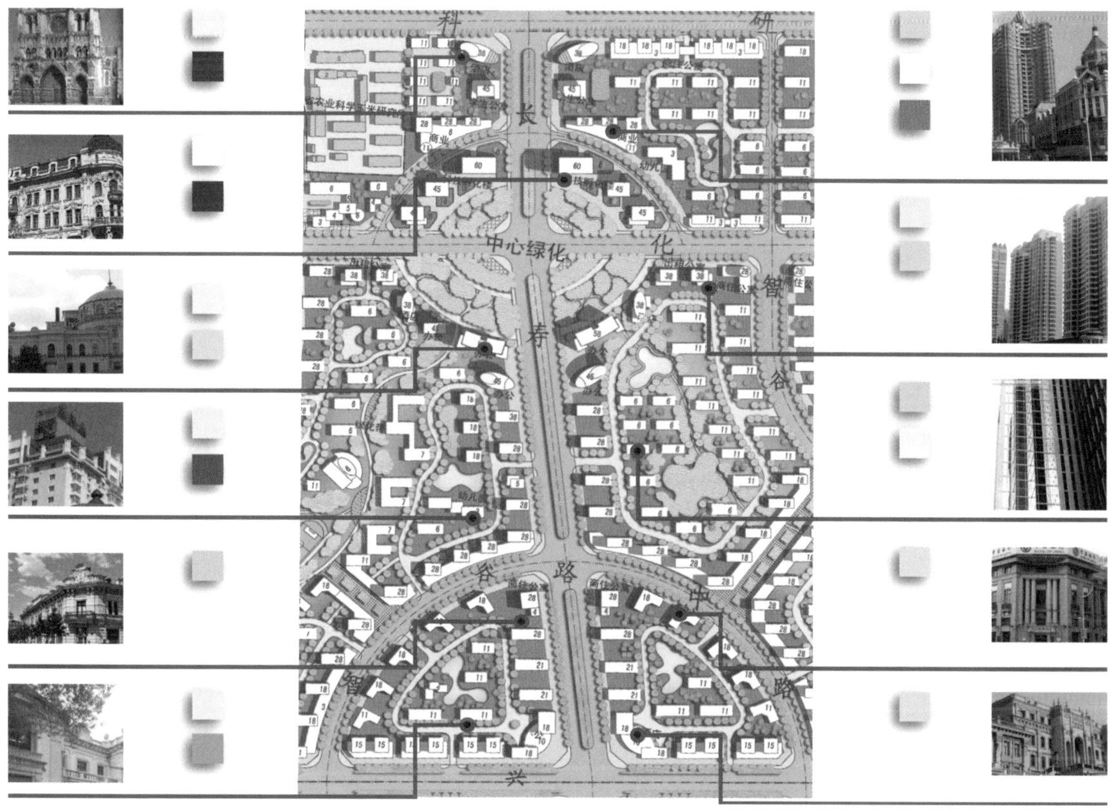

色彩设计图

面 · Facade

长寿路东立面图

绥化路北立面图

透视图一

透视图二

核心区鸟瞰图

夜景鸟瞰图

总体鸟瞰图

19 陕西省绥德县绥德新城·总体规划设计
Master Planning of Suide New City, Suide County, Shaanxi, 2009

牖视 / Window View

- 业主 / Client：
  上海建盟建筑项目咨询有限公司 / Shanghai Jianmeng Project Consulting Co., Ltd.
- 时间 / Time：
  2009.10
- 合作者 / Cooperator：
  吴佳颖 臧凤仪 / WU Jiaying, ZANG Fengyi

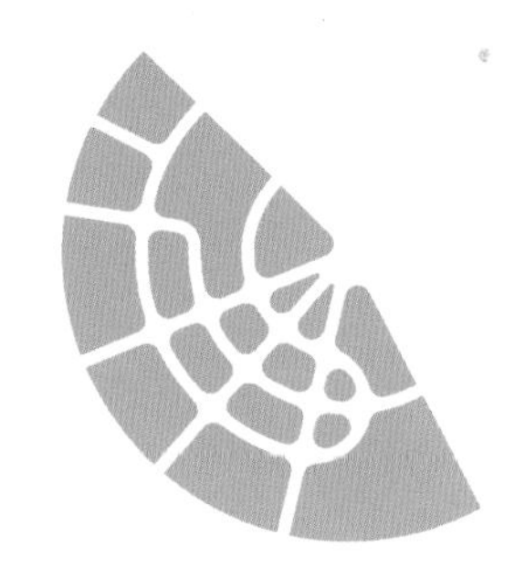

域 · Region

地块区位

状 · Site

卫星照片现状图

· 规划区域位于绥德县老城东南部，西南靠无定河，东北倚307国道，总用地面积为91.69 hm^2。

· 基地内用地以农田为主，地势平坦，大部分土地尚未开发利用。用地东侧有若干木板加工厂和一所小学校，由于辛店小区规划和神延铁路复线修建的原因，已经考虑将其搬迁。现有神延高架铁路及其即将修建的神延铁路复线呈南北方向穿越地块，对规划布局影响较大并对两侧用地造成严重的噪声影响。

意 · Connotation

北望高楼夏亦寒，山重水阔接长安。修梁暗换丹楹小，疏牖全开彩槛宽。

风卷浮云披睥睨，露凉明月坠阑干。庾公恋阙怀乡处，目送归帆下远滩。

——[唐]许浑·《和崔大夫新广北楼登眺》

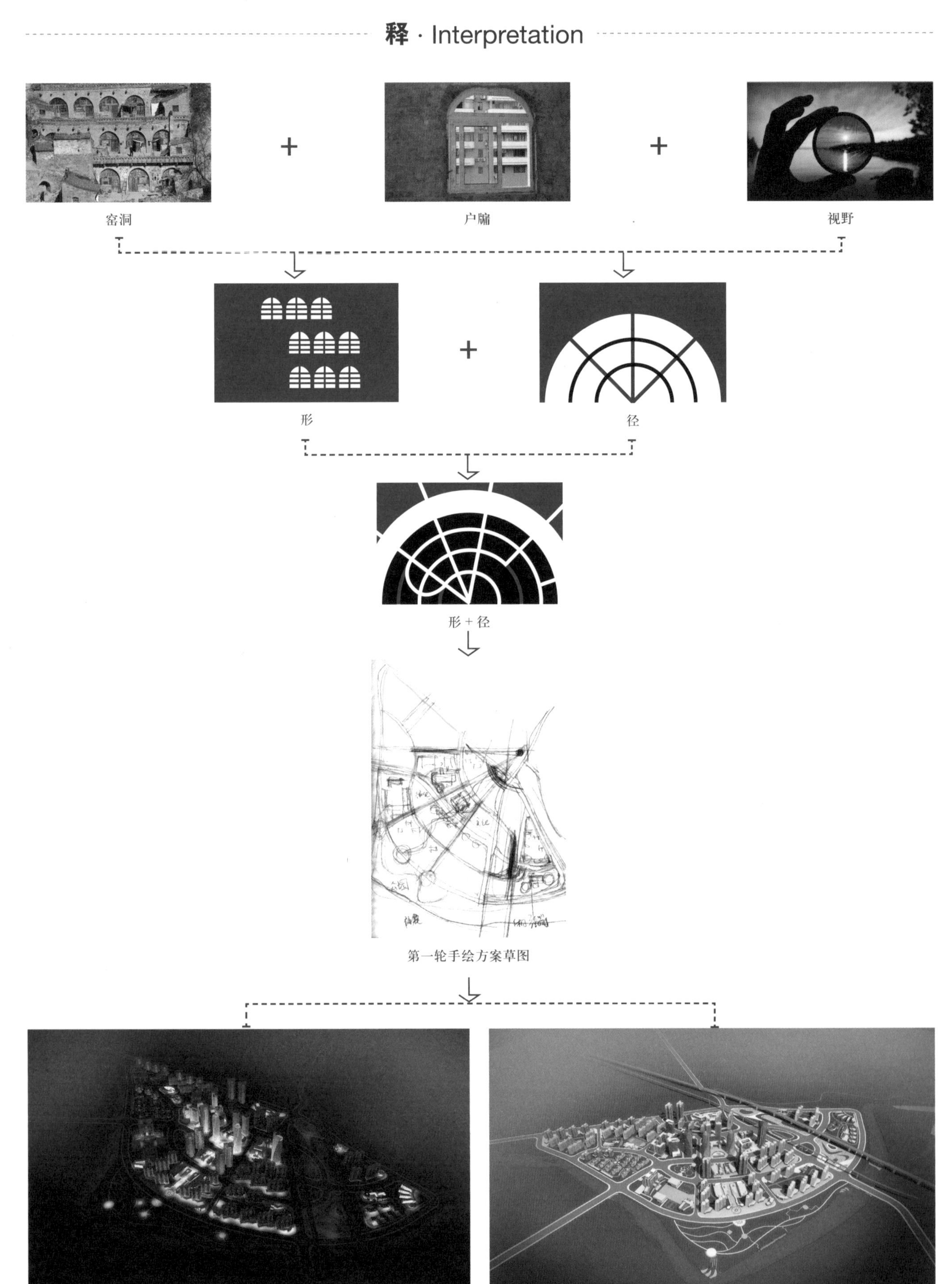
释 · Interpretation
窑洞
户牖
视野
形
径
形＋径
第一轮手绘方案草图
夜景鸟瞰图
总体鸟瞰图

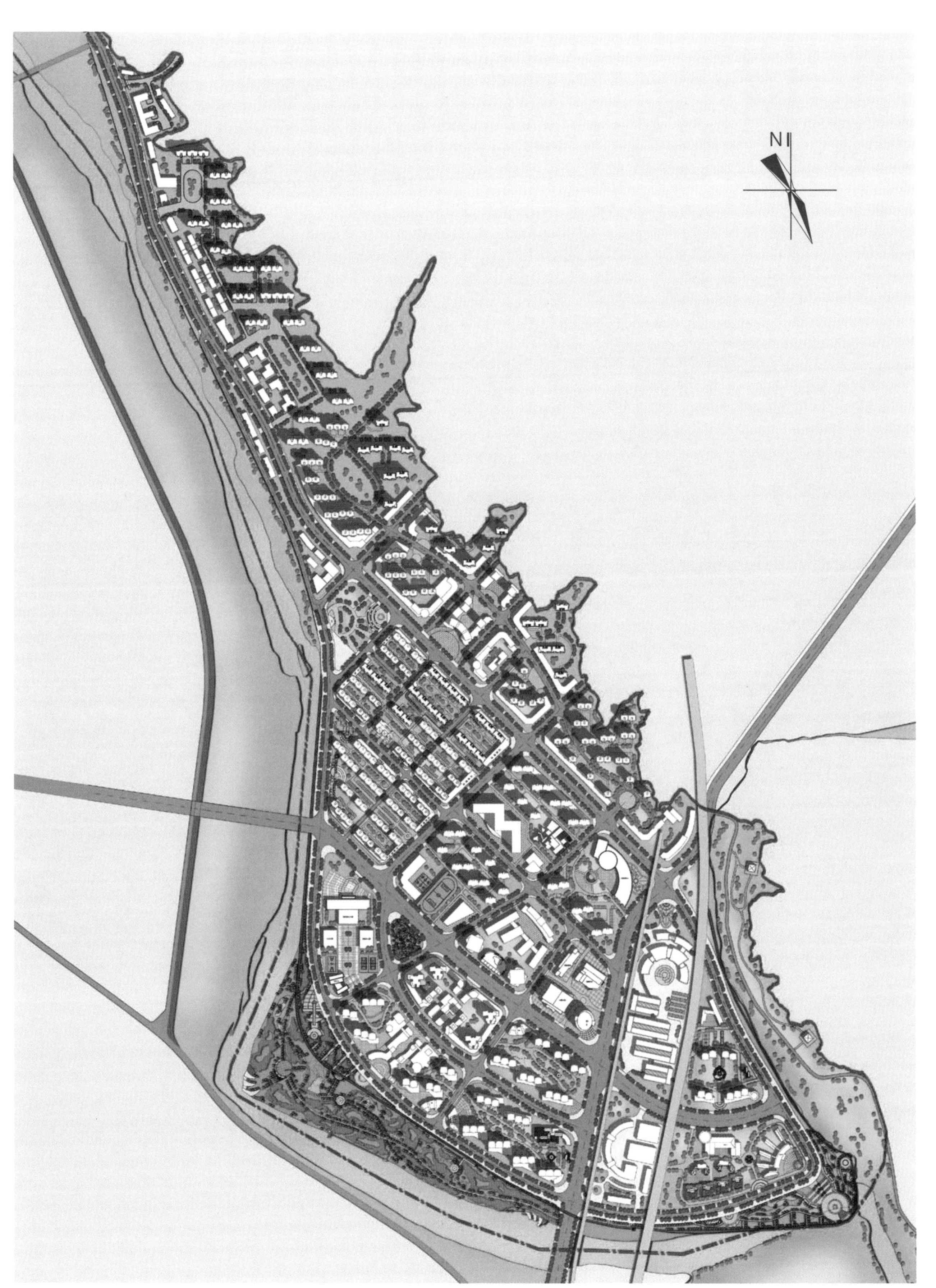

方案一总平面图

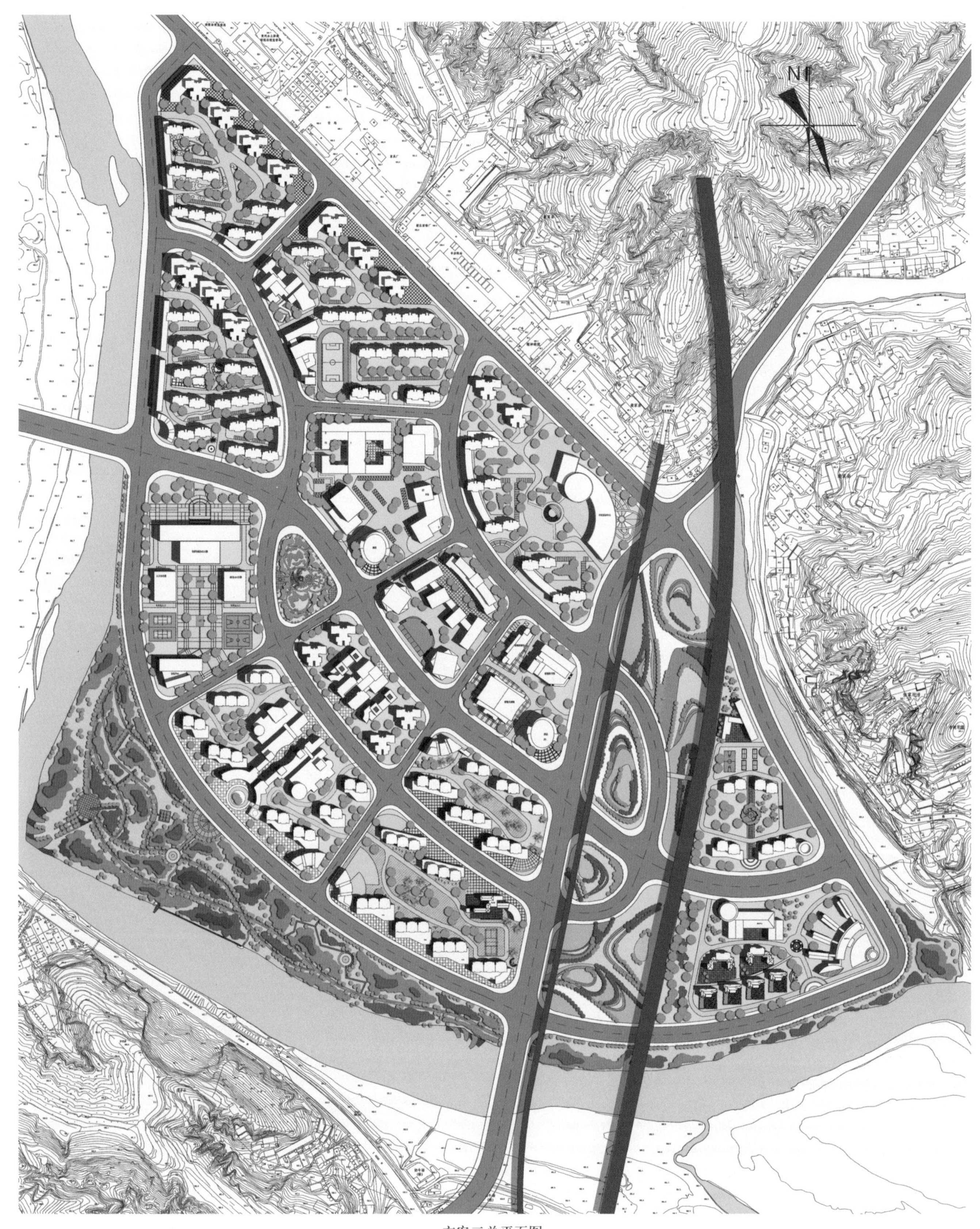

方案二总平面图

通 · Connection

一、外部交通

· 规划通过在西北、南面和东南方向修建三座跨无定河大桥，增加新区与老城区以及南部辛店产业区未来的交通联系，改变单一通过 307 国道的交通格局。规划将 307 国道与 210 国道通过新城道路系统以及跨无定河大桥在县城南部联通，从而避免过境车辆在县城内绕行。

二、内部交通

· 新城道路充分考虑内部不同功能分区之间的道路联系，注重道路的顺畅性、可达性与可实施性。结合商业商务区、市民生活区、行政办公区和生态休闲区的不同功能，合理规划城市道路系统。

三、步行系统

· 商业商务区和生态休闲区设置步行商业轴线，使其具有景观效果和功能引导作用。在适当距离设定景观节点以及疏散空间，创造宜人行走、功能丰富和适合交流的公共活动空间。

四、片区道路

· 分三个等级：主干路、次干路和支路。主干路即片区内主要道路，宽度为 30 ～ 40 m，断面形式为三幅路及单幅路；次干路宽 22 m，断面形式为单幅路；支路宽度为 15 m，作为片区主要道路的补充，起到连接各个组团的作用。

能 · Function

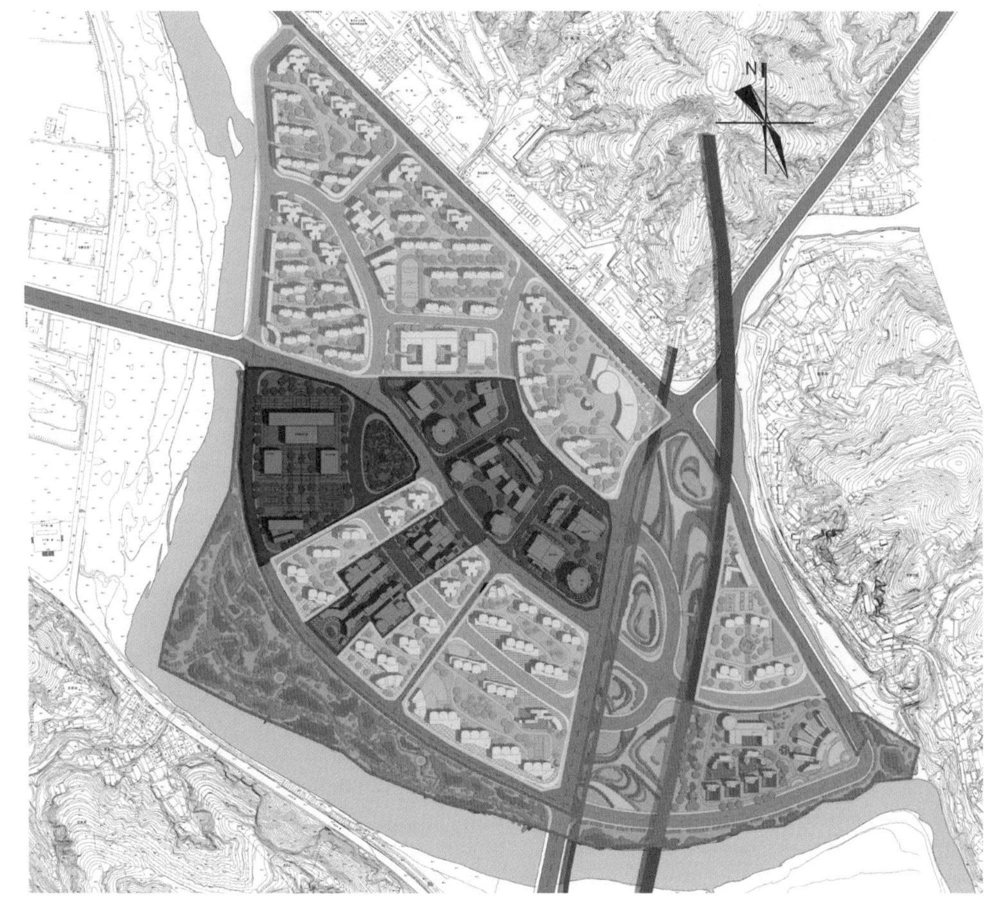

商业商务区
市民生活区
行政办公区
生态休闲区

功能布局图

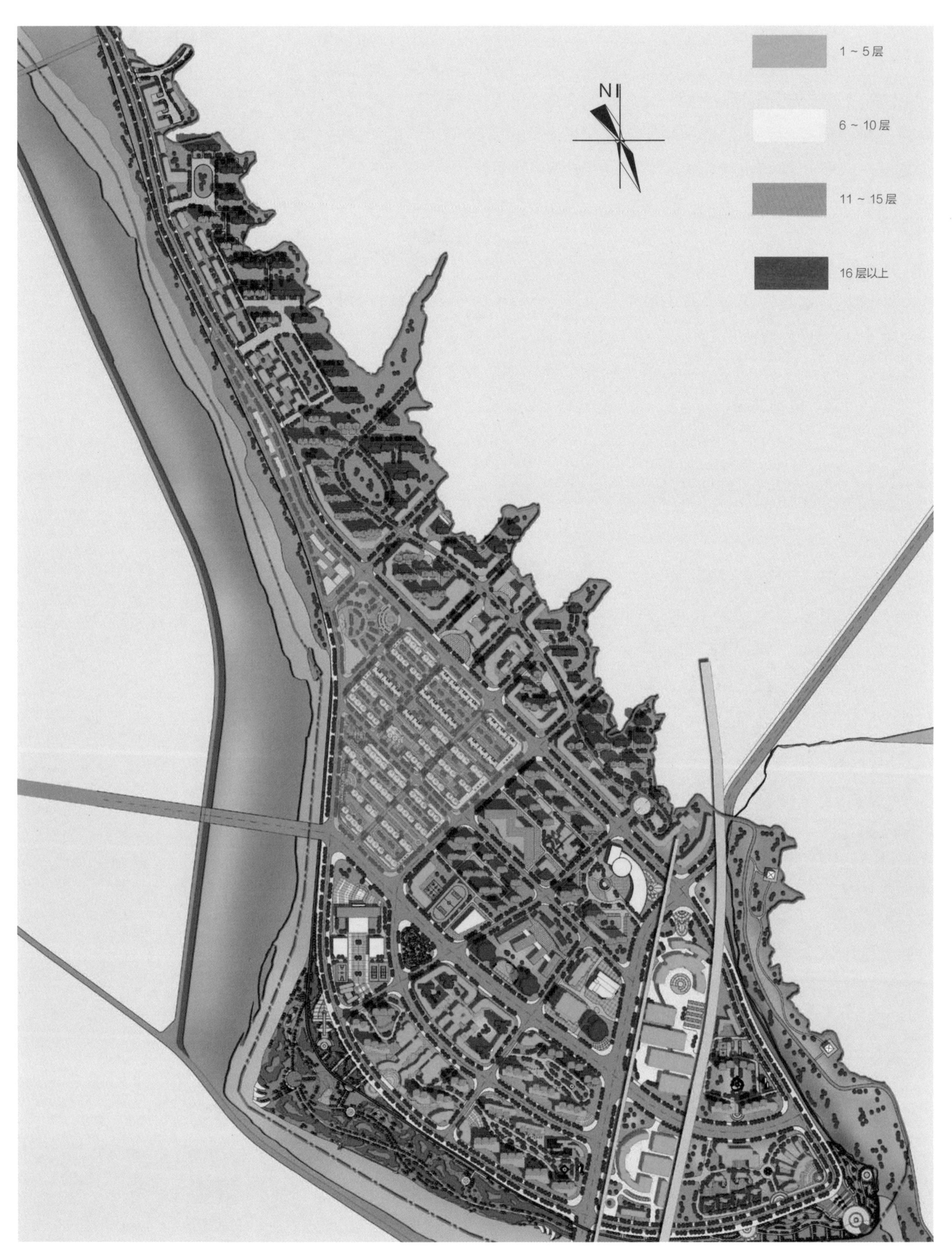

方案一建筑高度分析图

方案二建筑高度分析图

构 · Structure

· 总体规划结构为"一个中心、两条轴线、三个层次、四种功能"。一个中心：下沉广场和两栋超高层写字楼以及广场周边集聚的商业文化设施共同组成绥德新区的发展中心，其功能主要包括：商业综合体、下沉城市广场、酒店、办公写字楼、文化娱乐等。

· 两条轴线：即步行生态商业轴线及车行城市景观轴线。步行商业轴线北起绥德市民活动中心，南至绥德湿地公园，轴线北半段结合"一个中心"中的下沉市民广场以及中心商业圈形成大规模高密度的中心商业区。轴线南端为步行尺度的商业街，以小商业为主，结合餐饮休闲功能形成休闲步行街。城市景观轴线为绥德新区东西向主干道，道路两侧集中绥德新区多数高层和超高层建筑，体现现代化的城镇景观。

· 三个层次：一是核心层次，位于两条轴线交叉点的辐射区，为商业、文化、市民生活的集聚地区。二是基础层次，以居住功能为主导，结合医院、学校等基础设施，并且配备度假村、娱乐城等市民生活休闲功能。三是外围层次，为绥德湿地公园地区，结合无定河治理形成"绥德之肺"。

· 四种功能：一是商业商务功能，以商业综合体和办公写字楼为主，主要功能为商业以及办公。二是市民生活功能，以居住小区为主，设置医院、学校、幼托、市民活动中心等生活设施。三是行政办公功能，这是未来绥德县政府的行政中心区域。四是生态休闲功能区，由绥德生态湿地公园、体育公园及休闲度假村组成。

总体鸟瞰图

20 沪宁城际铁路镇江火车站核心区·控制性详细规划和城市设计

Regulatory Detailed Planning and Urban Design of the Core Area of Zhenjiang Railway Station, Zhenjiang, Jiangsu, 2009

芯都 / Core City

- 业主 / Client：
  镇江市交通投资建设发展公司 / Zhenjiang Transportation Investment Construction Development Company
- 时间 / Time：
  2009.07
- 合作者 / Cooperator：
  雷亭 吴佳颖 / LEI Ting, WU Jiaying

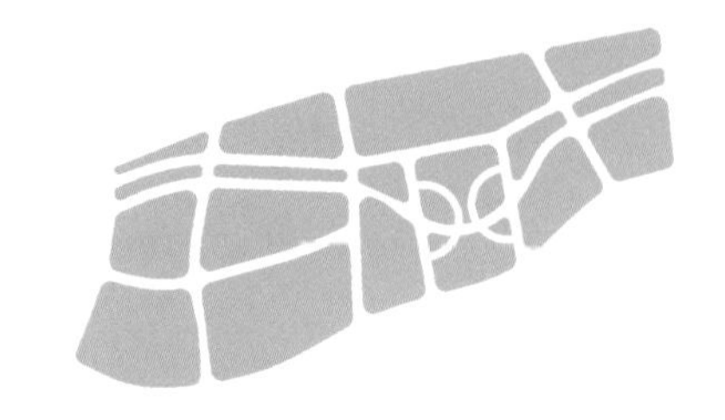

状 · Site

卫星照片现状图

· 项目位于镇江市南徐新城区北部，原有火车站的南侧。规划范围为北至沪宁城际铁路线，西临檀山路，东临黄山南路，南临黄山中路。

意 · Connotation

大地山河合九州，秋风吹起故乡愁。洛山冉冉机云出，汉水潇潇巡远羞。
东望海连甘露寺，北来诗满镇江楼。金台万里天门杳，且问东津汶上舟。

——[南宋]王奕·《和赵若伦旧题多景楼》

释 · Interpretation

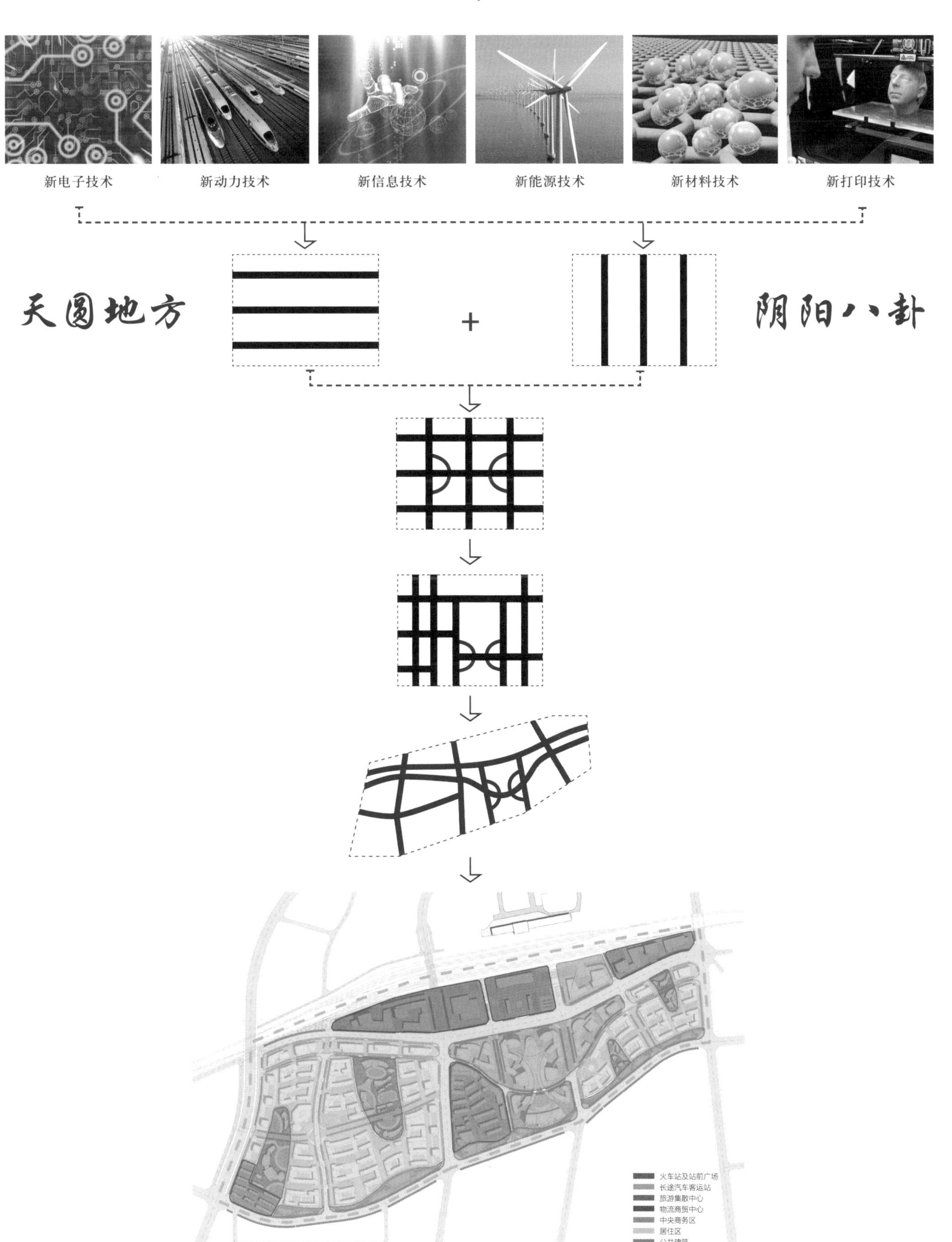

功能结构分区图

局 · Plan

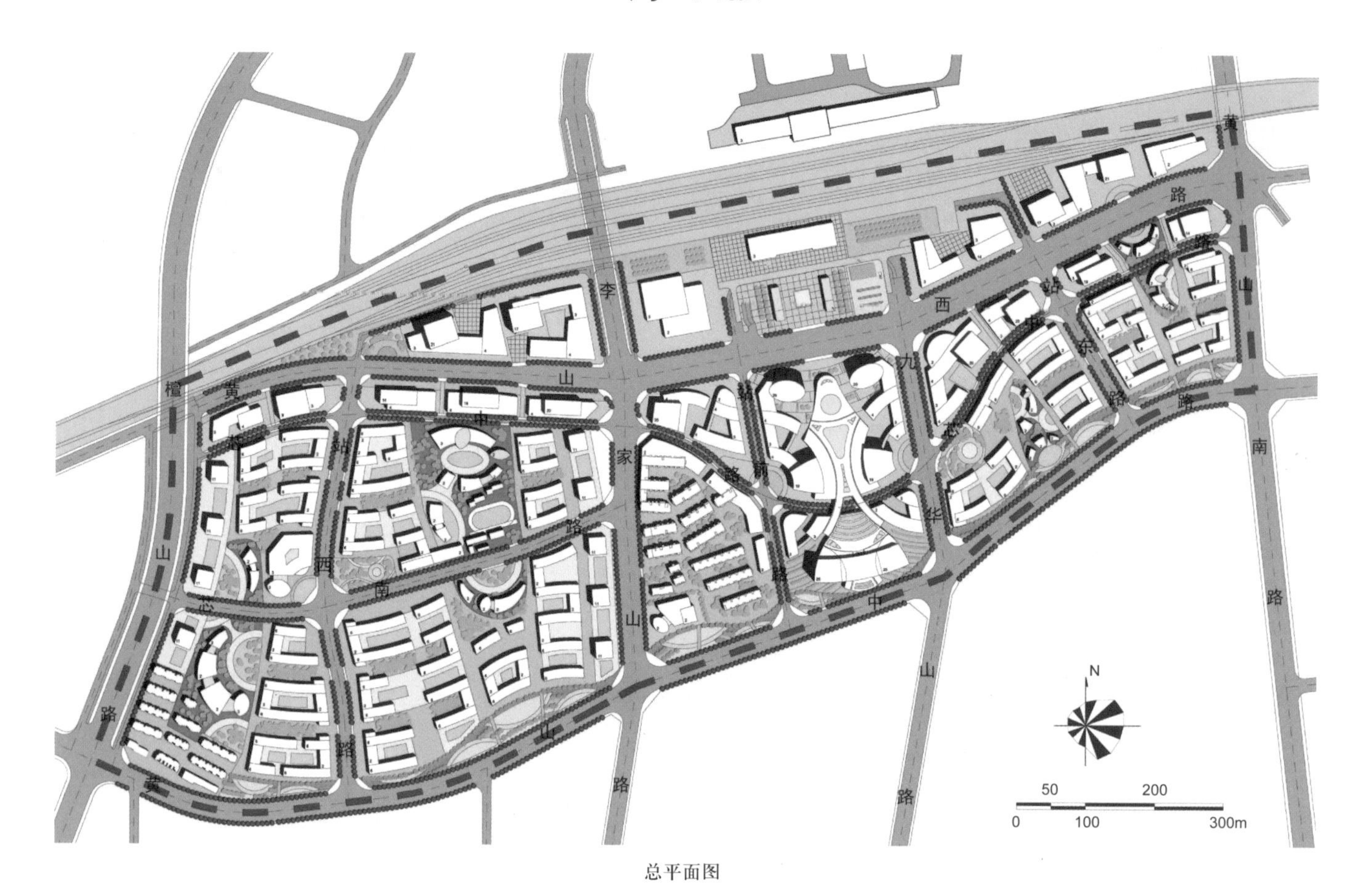

总平面图

文 · Text

一、规划策略

• 1. 将城际铁路站周边地区建设成承载区域性城市功能的高质量城市综合枢纽。

• 2. 重塑原镇江火车站地区的门户形象，创造高度聚集、高度综合和高度活力的“三高”公共空间形象。

• 3. 通过综合枢纽的建设，沟通南北交通联系，整合周边道路网路，促进城市交通系统的升级改造，形成高效快速的交通枢纽。

二、规划结构

• 项目规划结构为“一心、两轴、三片”。

• 一心：与现有镇江火车站北广场相对应，形成南广场以站场周边服务设施为核心的南广场地区新中心。其功能主要包括：镇江站南广场、商务酒店、办公、文化娱乐和商业综合体等。

• 两轴：一条以镇江站为基础，连接南广场中心区及北广场老城区中心区形成的城市级别的交通综合轴线；另外一条以南广场中心区为核心，在规划区内东西向延伸的商务综合轴线，以此带动整个规划区内的其他各个功能组团发展。

• 三片：商业综合片区，位于镇江站南广场南侧，以酒店及其服务为主要功能。商务办公区，位于镇江站东西两侧，依托镇江站的良好交通条件，形成城市枢纽经济区。居住区，为商业综合片区和商务办公区服务的居住片区，其依靠良好的交通条件和完善的公共服务设施，形成舒适宜居的高档居住社区。

层 · Layer

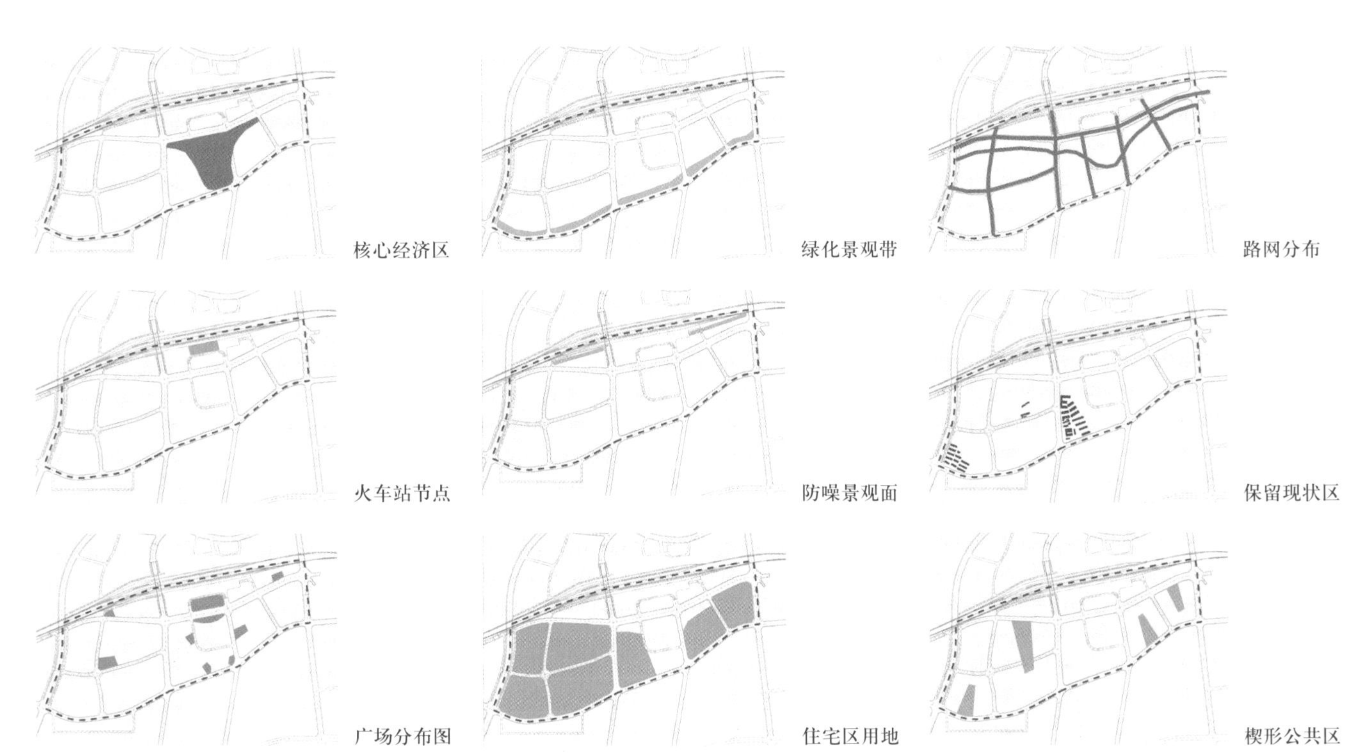

通 · Connection

道路系统图

25 ～ 40 m 城市道路

大量的车流 ·

新城区的主要入口 ·

为核心地块提供入口 ·

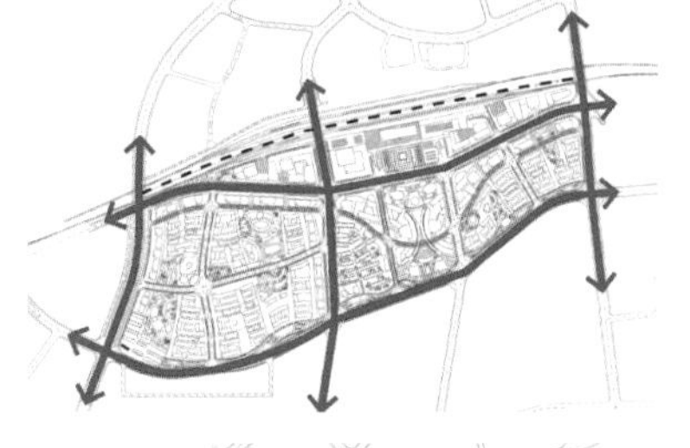

5 ～ 25 m 城市道路

确立主要商业街形象 ·

链接城市交通和主要地块 ·

提供沿街停车车位 ·

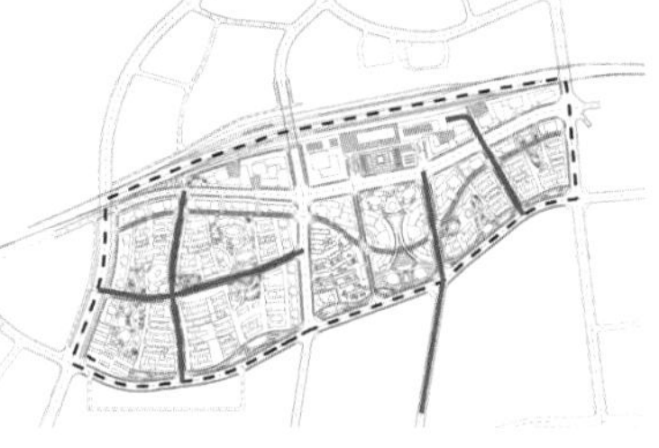

5 ～ 15 m 城市道路

塑造步行商业街形象 ·

链接各个开发地块 ·

禁止沿街停车 ·

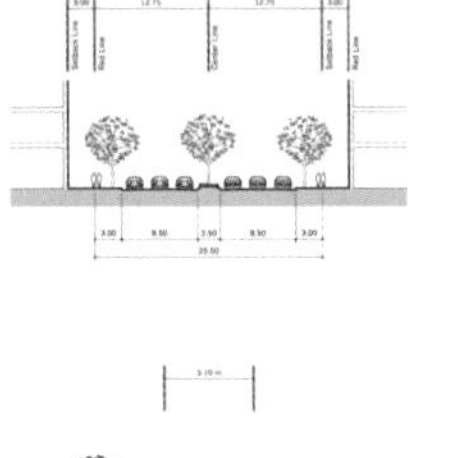

道路断面图

道路系统分解图

高 · Height

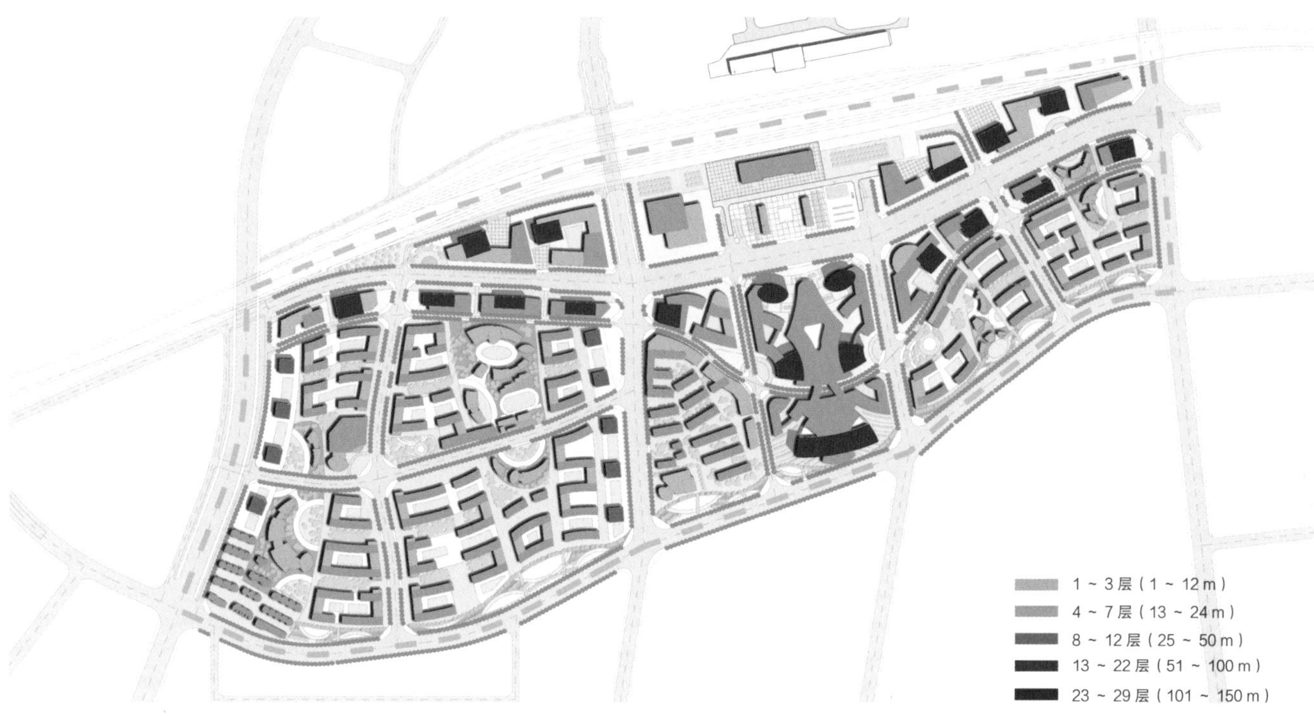

建筑高度分析图

际 · Skyline

黄山西路北侧城市立面

黄山西路南侧城市立面

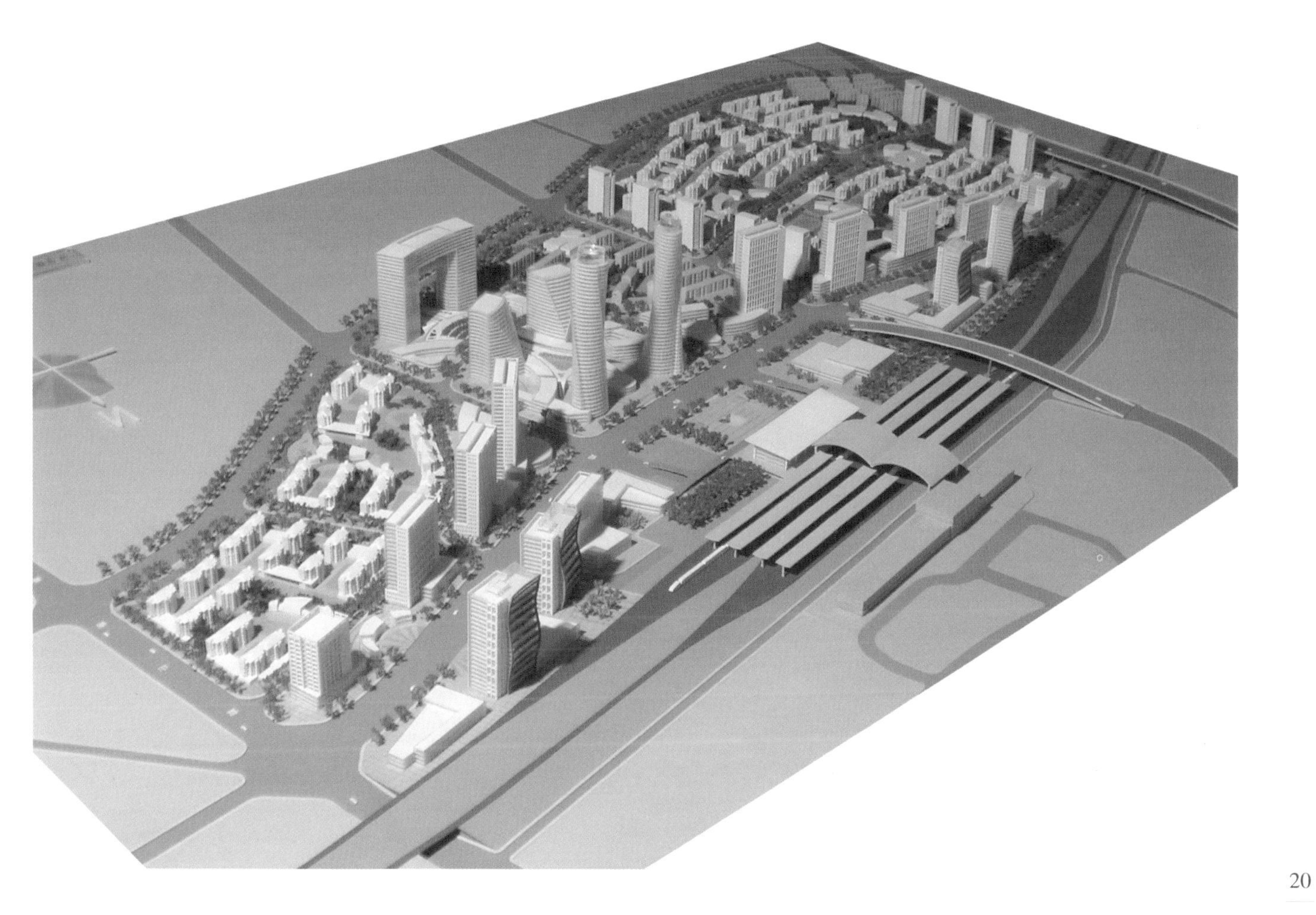

面 · Facade

东立面图

视 · Vision

透视图一

透视图二

透视图三

总体鸟瞰图

夜景鸟瞰图

21 安徽省滨湖现代农业综合开发示范区·修建性详细规划设计

Constructive Detailed Planning of Binhu Modern Agricultural Development Demonstration District, Hefei, Anhui, 2009

田语 / Agricultural Language

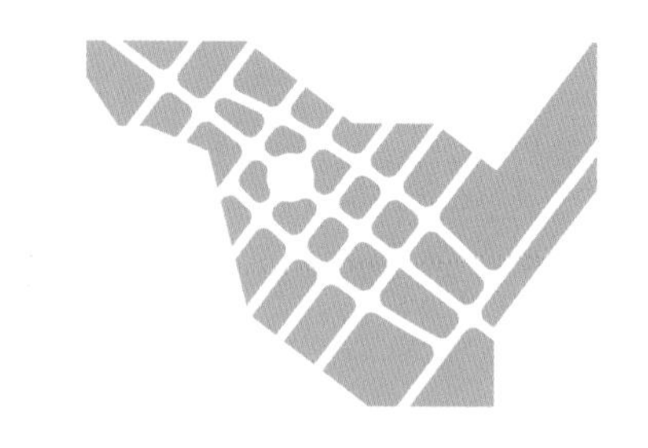

- 业主 / Client：
  合肥市包河区人民政府 / Hefei Baohe District People's Government
- 时间 / Time：
  2009.08
- 合作者 / Cooperator：
  吴佳颖 / WU Jiaying

状 · Site

卫星照片现状图

· 安徽滨湖现代农业综合开发示范区位于安徽省合肥市包河区烟墩镇牛角大圩。示范区北临合肥市滨湖新区，南临派河下游，北接徽州大道，东达巢湖，西连合肥市经济技术开发区，与正在建设的现代化滨湖新区融为一体。园区内辖牛角、横城、新街、保兴和鲍岗5个自然村及"2814"渔场南部地区。

· 示范区到合肥市中心为20 min车程，并有公交车接驳。示范区东部为徽州大道及规划的环湖西路，北部靠近未来的深圳路，规划的玉龙路紧邻示范区西部，南部的派河未来通航能力将达到货运1 000 t。

· 示范区内已建成一条5 m宽的水泥路，长14.8 km，将圩内村庄连接起来，其他道路均为土路。项目区域为圩垸地貌，地势较低，东西长约6 km，南北跨度约4 km，地势总体上北高、南低，中部地势呈锅底状，平均高程为6.3 ~ 9.0 m。

· 2008年规划范围内总人口1.12万人，其中农户数3 141户，农业劳动力约7 700人。2007年项目区GDP值为2.04亿元，农业总产值为1.2亿元，农业人均年纯收入约3 950元。主要农作物有水稻、小麦、油菜、花卉苗木和蔬菜等，主要养殖有牛、生猪、鸡、鸭、鹅和兔等。

· 示范区用地面积约为 1 000 hm^2（1.5 万亩），土地利用率较高，其中耕地面积约 920 hm^2（1.38 万亩），分为水田和旱地，人均耕地面积 0.095 hm^2（1.42 亩），其余为水面、村宅基地、农田水利和农村道路等用地。其中牛角村村庄建设面积为 8 万 m^2，横城村村庄建设面积为 8.05 万 m^2。

意 · Connotation

绿波春浪满前陂，极目连云罢亚肥。更被鹭鹚千点雪，破烟来入画屏飞。

——[唐] 韦庄 ·《稻田》

基 · Basis

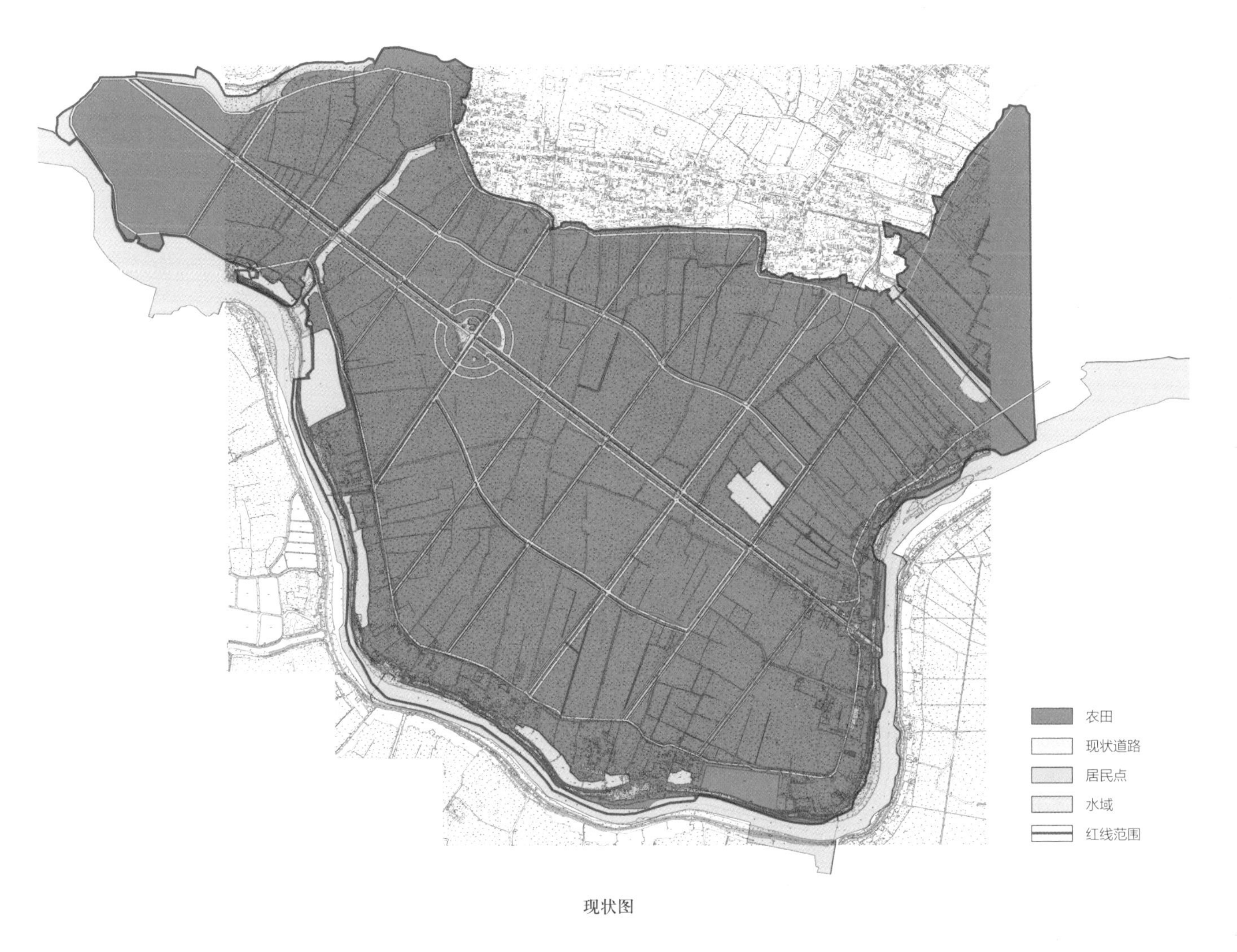

现状图

策 · Strategy

生产工业化 · 管理数字化 · 环境生态化 · 资源集约化

语 · Language

数字农业田 · 生态科技园

Digi-agricultural Land and Eco-technological Park

释 · Interpretation

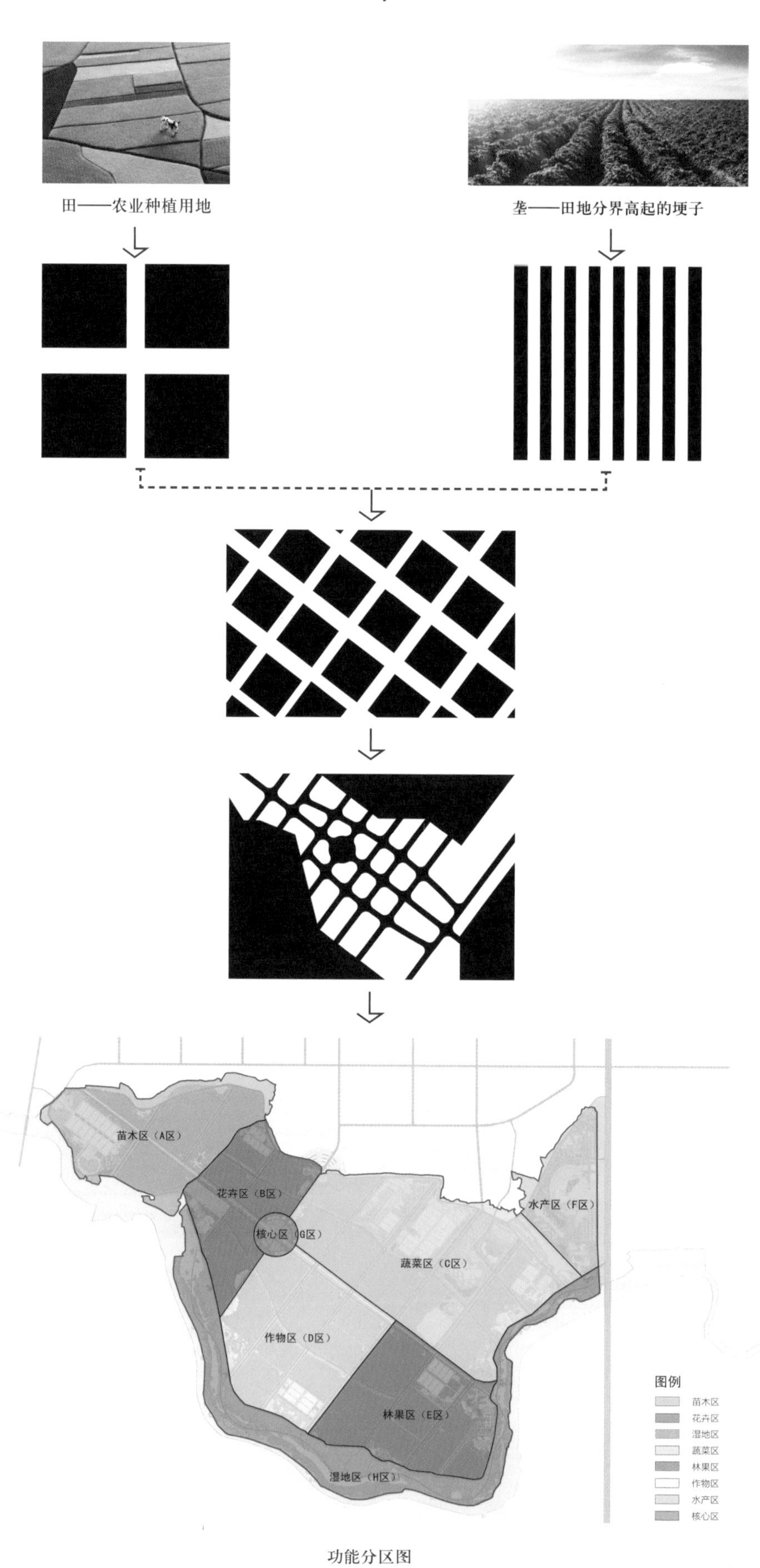

功能分区图

局 · Plan

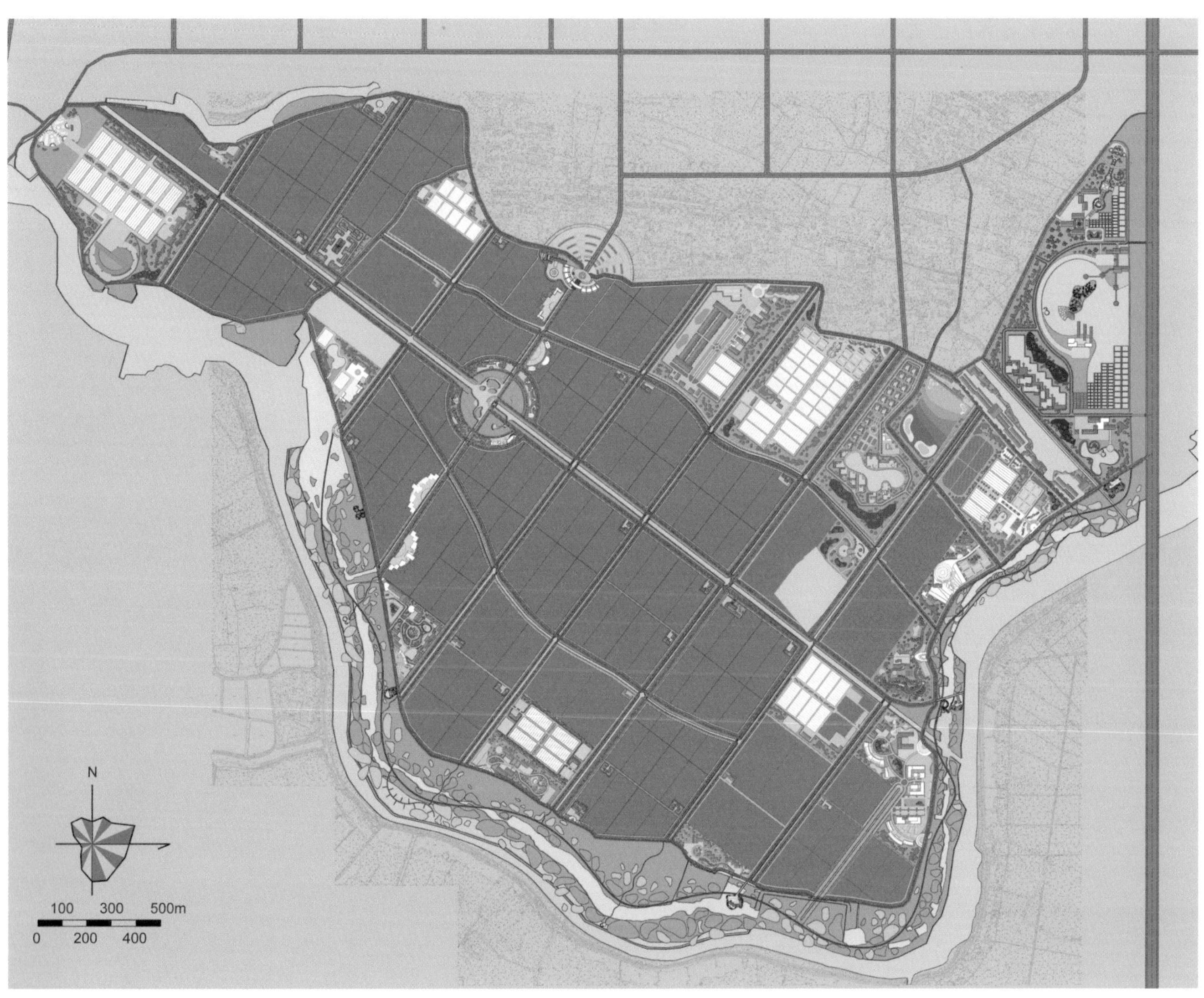

总平面图

额 · Quota

经济技术指标

项目	数量	单位
总用地面积	878.16	hm^2
总建筑面积	418 109	m^2
温室面积	276 021	m^2
容积率	0.05	–
建筑占地面积	202 968	m^2
建筑密度	2.31	%
停车位	1 938	个

用地平衡表

项目	用地面积（hm^2）	百分比
总用地面积	878.16	100%
农业用地	559.54	63.72%
农业配套用地	20.29	2.31%
道路广场用地	114.44	13.03%
水域及其他	183.89	20.94%

文 · Text

一、因地制宜和突出特色

· 规划充分考虑原有农业生产的资源基础，因地制宜，结合示范区所处地区的自然与人文景观，开发出具有地域农耕文化特色的农副产品和旅游精品，形成示范区特色。

二、培育精品和营造主题

· 规划以生态农业模式作为区内农业生产的整体布局方式，培植具有生命力的生态旅游型观光农业精品。采用有机农业栽培和种植模式进行无公害蔬菜的生产，体现农业高科技的应用前景，形成产品特色，营造“绿色、安全、生态”的主题形象。

三、强调参与和寓教于游

· 规划中强调项目的参与性、娱乐性和知识性的紧密结合，使游客参与示范区生产、生活的方方面面，通过亲自参与获得乐趣和相关的农业知识，使游客享受到源于乡村又高于乡村的文化氛围，享受到现代湖滨、田园和花海的风光。

四、人与自然的融合

· 人与自然的融合是人与自然关系的最高境界，规划范围内的植被、农田、水系等与人的活动相互依存，以此构成“天人合一”的环境特质。

五、效益兼顾和可持续发展

· 规划设计以生态学理论作指导思想，采用生态学原理、环境技术、生物技术和现代管理机制，使整个示范区形成一个良性循环的农业生态系统。经过科学规划的现代农业综合开发示范区以生态农业的建设实现其生态效益；以现代有机农业栽培模式与高科技生产技术的应用实现其经济效益；使示范区的规划设计实现其社会效益。经济、生态、社会效益三者相统一，实现示范区的可持续发展。

务 · Service

服务设施规划图

详 · Details

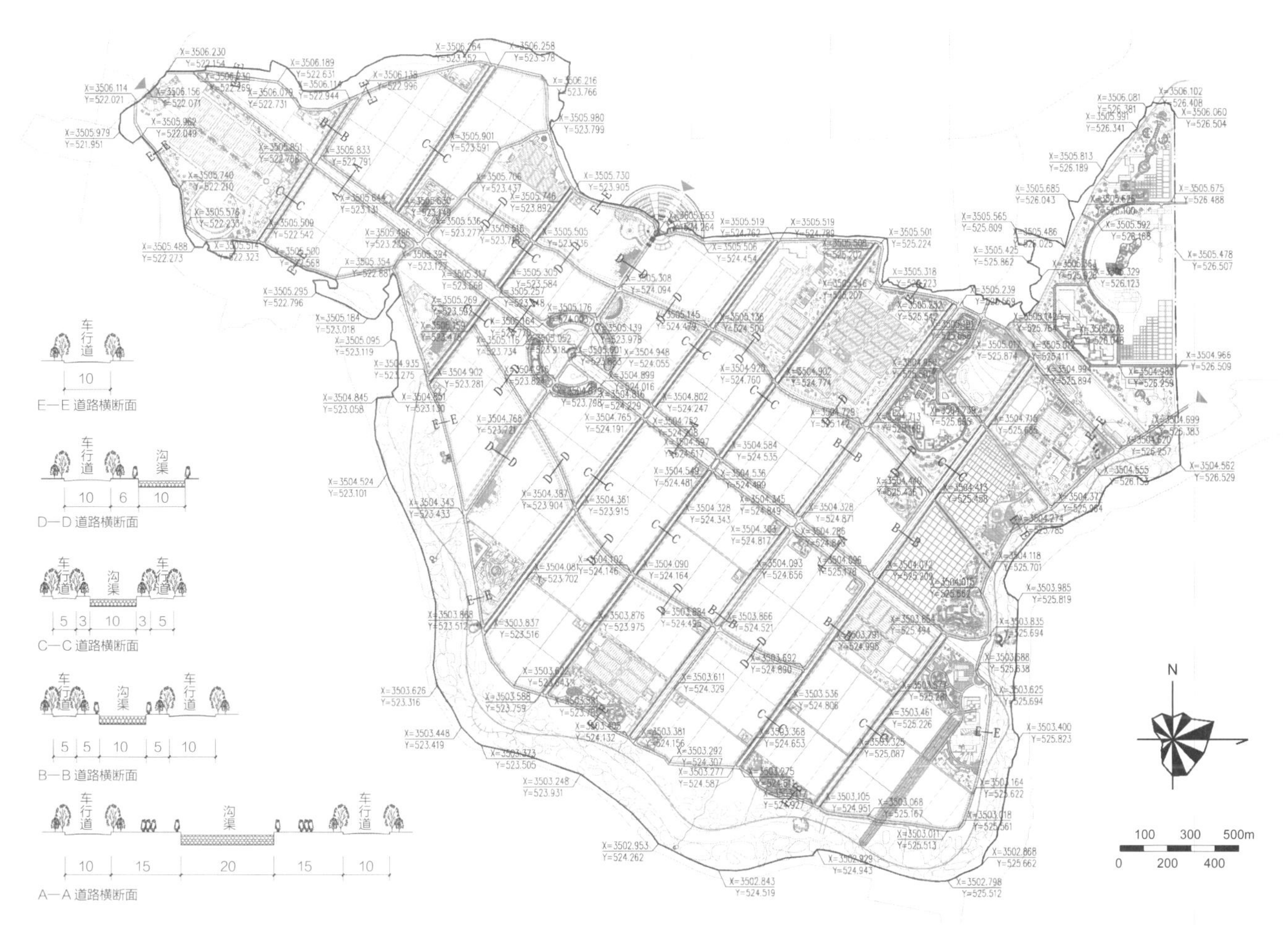

道路工程规划图

视 · Vision

入口大门鸟瞰图

局部鸟瞰图一

局部鸟瞰图二

局部鸟瞰图三

局部鸟瞰图四

总体鸟瞰图一

芬芳四溢
幽蘭之
美蓋如
斯也

总体鸟瞰图二

22 四川省都江堰现代农业科技示范园·修建性详细规划设计

Constructive Detailed Planning of Dujiangyan Modern Agr-technology Demonstration Park, Sichuan, 2008

道情 / Daoism of Friendship

- 业主 / Client：
  上海孙桥现代农业联合发展有限公司 / SMAUD
- 时间 / Time：
  2008.12
- 合作者 / Cooperator：
  雷亭 吴佳颖 / LEI Ting, WU Jiaying

状 · Site

卫星照片现状图

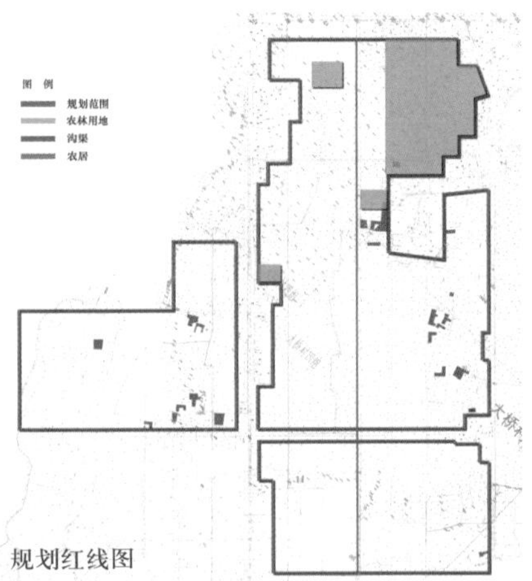

规划红线图

- 项目基地在都江堰崇义镇海云村和大桥村交界处，选址在大桥村四、五组，海云村十组和十一组范围内，区域属于基本农田保护区，第一期规划项目占地面积约 33.3 hm^2（500 亩）。
- 崇义镇位居都江堰市的东大门。东与郫县新胜镇和唐昌镇接壤，西与都江堰市聚源镇相连，南接都江堰市土桥乡和郫县花园镇，北与都江堰市天马镇为邻，东距四川省成都市 65 km，西至都江堰市区 12 km，区位俱佳，交通便捷。
- 基地已有主要道路为路宽 3 m 的水泥路，呈西北和东南向贯穿整个基地，北侧为宽 6 m 至崇义、土桥的上崇路。基地内为农田和农民住宅基地，建成量较少。用地以农田和河流为主，属于基本农田保护区，生态基础良好。
- 源自都江堰市的走马河流经示范园。根据环保监测站 2007 年的检测记录，走马河断面达标率为 100%，pH 值为 6 ~ 9，溶解氧 ≥ 5，高锰酸钾指数 ≤ 6，氨氧 ≤ 4。

意 · Connotation

都江堰水沃西川，人到开时涌岸边。喜看杩槎频撤处，欢声雷动说耕田。

——[清] 山春 ·《灌阳竹枝词》

释 · Interpretation

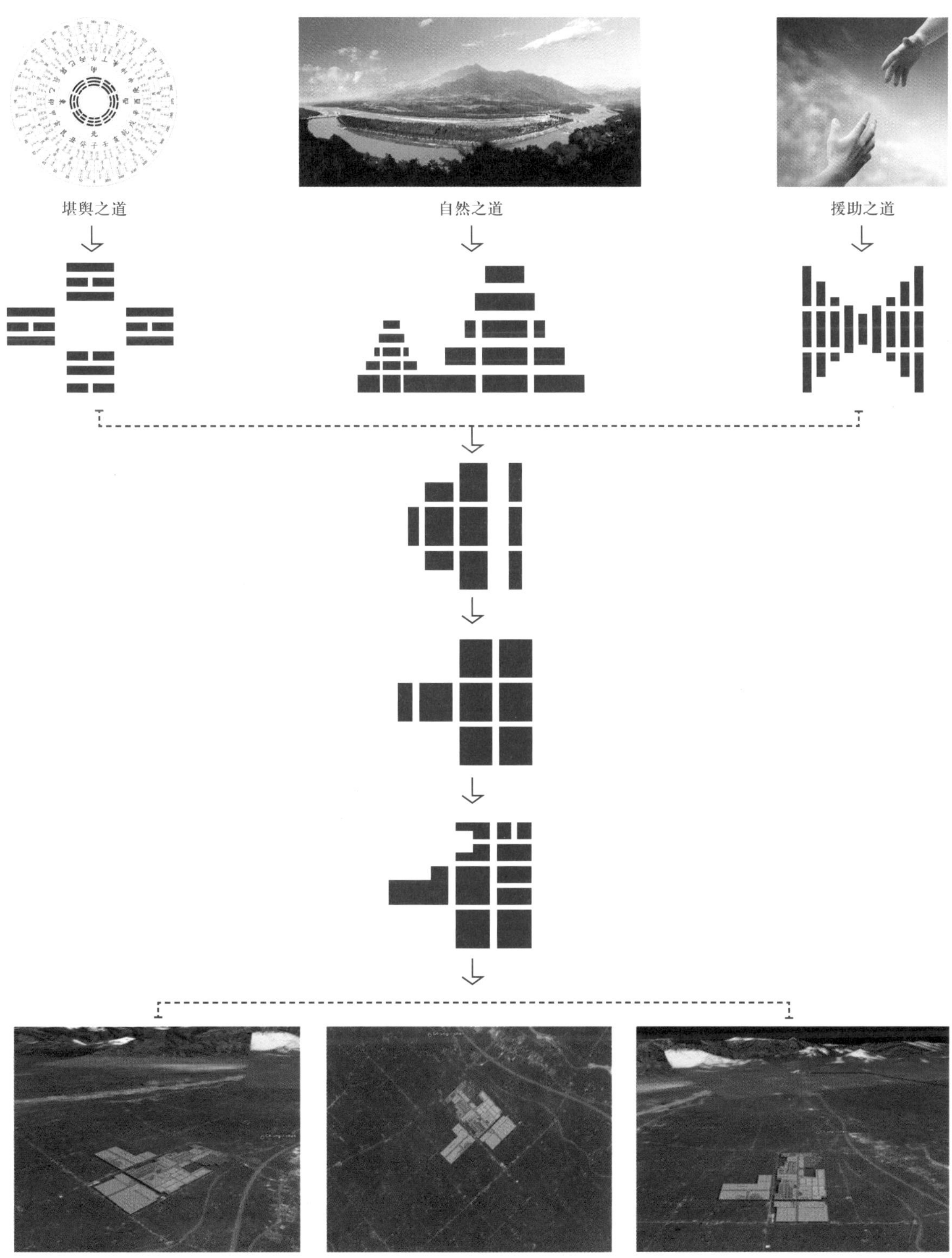

基地与青城山关系图　　基地环境图　　基地与公路关系图

策 · Strategy

一、战略思想

· 以工业化的现代农业理念和园区化的科学管理模式创造都江堰现代农业科技示范园的经济效益、生态效益和社会效益。

二、发展指针

· 建设集科技、产业、基地、生态以及农业生产、观光旅游和休闲娱乐为一体的现代化农业示范区，形成以规模化、科技化、标准化绿色无公害果蔬种植农产品加工配送、技术培训等内容为辅助产业，且有一定规模和效益的现代农业园。

三、功能定位

· 技术创新与科技成果转化功能；
· 生产加工功能；
· 企业孵化培育功能；
· 农业科技人才的培训与集聚功能；
· 教育示范功能；
· 生态旅游观光功能；
· 辐射带动功能。

局 · Plan

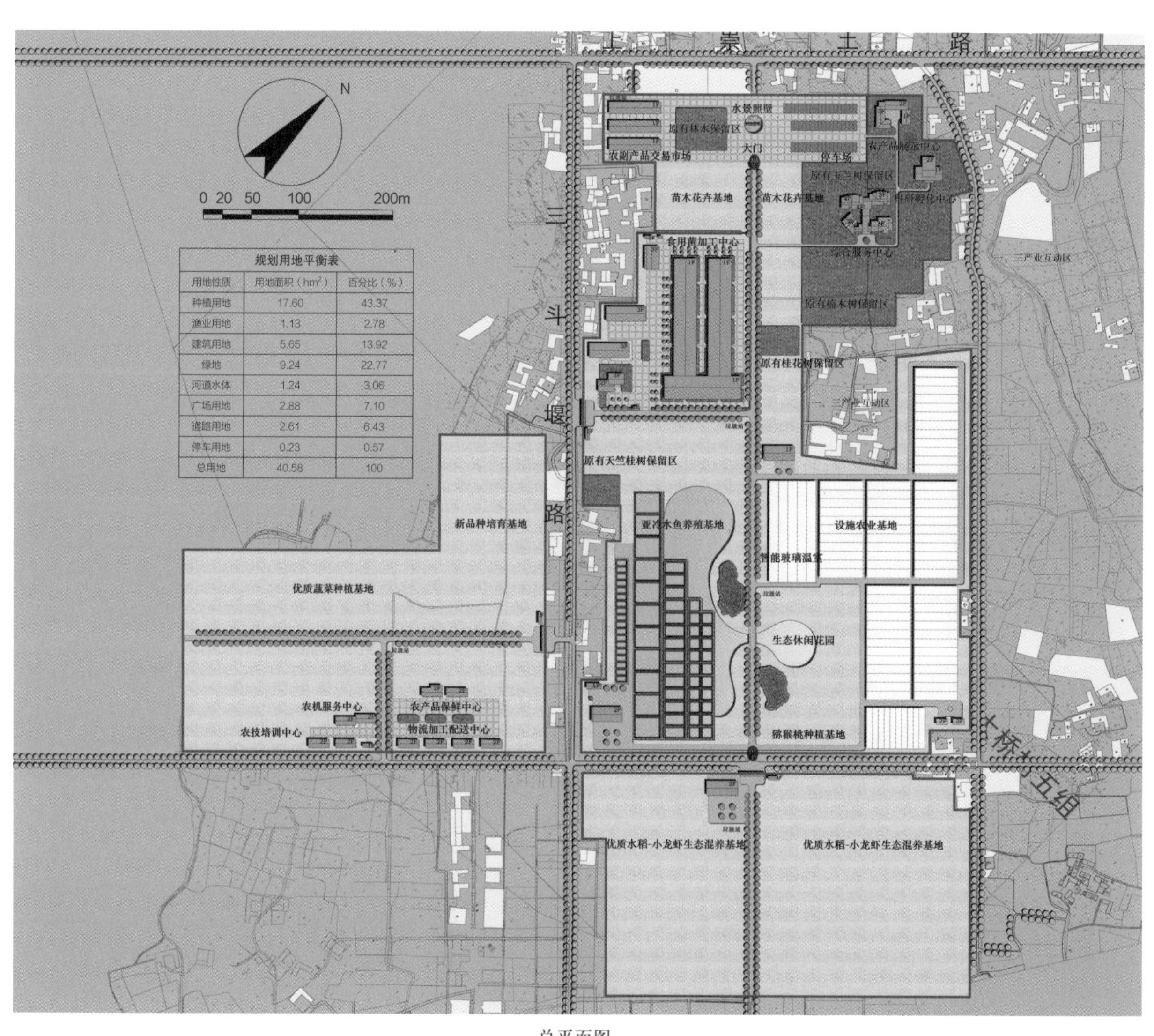

规划用地平衡表

用地性质	用地面积（hm^2）	百分比（%）
种植用地	17.60	43.37
渔业用地	1.13	2.78
建筑用地	5.65	13.92
绿地	9.24	22.77
河道水体	1.24	3.06
广场用地	2.88	7.10
道路用地	2.61	6.43
停车用地	0.23	0.57
总用地	40.58	100

总平面图

额 · Quota

用地平衡表

用地性质	用地面积（hm^2）	百分比
种植用地	17.60	43.37%
渔业用地	1.13	2.78%
建筑用地	5.65	13.92%
绿地	9.24	22.77%
河道水体	1.24	3.06%
广场用地	2.88	7.10%
道路用地	2.61	6.43%
停车用地	0.23	0.57%
总用地	40.58	100%

经济技术指标

项目	数值		
总用地面积	40.58 hm^2		
总建筑面积	2.25 万 m^2		
	其中	展示中心	1 140 m^2
		研发中心	819 m^2
		服务中心	2 473 m^2
建筑密度	13.92%		
绿地率	22.77%		
容积率	0.15		
平均建筑层数	1.6 层		

文 · Text

一、规划目标

• 1. 以都江堰总体规划为依据，使规划设计既满足建设单位的实施意向，又符合更高层次的规划要求，使示范园成为城市有机的组成部分并与周边地区相协调。

• 2. 合理分析项目优势与劣势，因势利导，充分利用有利条件，改善不利条件。

• 3. 塑造示范园形象特色，尝试规划设计新方法和新思路。

• 4. 强调人性化设计，构筑舒适宜人的休闲旅游公共空间。

• 5. 探索数字信息农业、循环经济农业和节能环保农业的规划思路，强调环境资源利用的有效性和平衡性。

二、空间结构

• 在公共绿地和商业集市用地内设置主要的入口节点，使入口广场成为示范园的主要公共空间。在鱼塘附近假山集中区域设置生产和休闲活动景观空间节点。沿着原有的水渠布置道路并贯穿这两个主要空间节点，使道路系统连接农机服务中心、农产品保鲜中心、农技培训中心和物流加工配送中心等配套服务设施区，形成两条主要的活动带。结合基地红线外的农业互动区和两条活动带将整个基地划分为 8 个农业产业区。

三、绿化结构

• 通过对基地内原有林带的保护和改进，结合农业生产发展的需求，使水系、草地、花卉、庄稼、灌木、果园和乔木为示范园内的绿化空间系统。结合原有绿化系统将自然绿化同人工绿化有机结合，成为整个农业示范园的绿色展厅。

构 · Structure

• 1. 工厂化农业板块由工厂化金针菇、育苗工厂等项目组成。由于这个板块集约化程度高，对于基础设施要求比较高，需要相对集中，并靠近公路，因此集中布局在园区东面。

• 2. 先进种植业板块由优质蔬菜、花卉苗木和猕猴桃种植资源基地三个项目组成。其中水稻项目放在西南，花卉苗木和猕猴桃项目布置在南部。

• 3. 休闲观光农业板块利用农民民宅改造成旅游基地，同当地特色旅游资源相结合。

• 4. 配套服务板块由物流设施建设、农技服务、农机服务、农业培训和农产品质量检测等组成，布局在西区。

一、食用菌市场

· 由于特定的饮食文化，火锅在四川省极为普及，金针菇的消费量十分巨大。市场消费的金针菇基本都是农户栽培，产品品质远不如工厂化生产的产品，尤其是到了炎热的夏季，当农民无法栽培金针菇时，只能从北方大量调入，因此发展金针菇前景看好。

二、米袋子和菜篮子市场

· 都江堰和成都都是旅游城市，蔬菜与大米需求极大，尤其是精品和特色产品。优质绿色大米的价格达到十多元一斤，甚至几十元一斤。我国优质水稻品种类型多，已经拥有了一批可与泰国米媲美的优质籼稻品种。都江堰地区水稻种植品种繁多，品质衰退严重，大米价格较低。可见发展优质大米空间大，前景好。如果种养结合，在水稻田中生态养殖小龙虾，不仅有利于种植有机绿色大米，而且养殖的小龙虾优质、高产，农民的收益将大幅度提高，完全符合优质、生态循环农业的特点。一方面通过引进优质蔬菜品种，使用新技术新成果可以使蔬菜产量在现有种植水平上至少提高20%，另一方面将优质特色蔬菜销售到上海等地区收益会更高。

三、花卉苗木市场

· 都江堰市花木产业起源于20世纪70年代末，兴起于80年代末90年代初，发展于90年代末。目前都江堰市花木重点产区已具一定规模和优势，在促进该地区农村经济发展和增加农民收入等方面发挥了重要作用，形成了以安龙镇为中心的花卉苗木生产集聚地。自20世纪80年代初以来，我国花卉苗木发展迅速，在1984年到2003年的20年间，种植面积增长了27倍，产值增长了57倍，出口创汇增长了47倍。从我国制订的21世纪头20年的长期发展规划看，到2010年，全国花卉产值达到700亿元，到2020年，全国花卉产值达到1 000亿元。如果安龙镇花木生产基地与作为中国最大的花卉园艺产品消费城市上海联系起来，则可以在上海市场中占有重要的比重。

四、种子种苗市场

· 都江堰市规划到2010年将建成10万亩蔬菜基地，蔬菜生产的核心是种子种苗，因此种子种苗具有很好的市场前景。工厂化育苗专用技术强，能够抗击自然灾害，被认为代表着今后蔬菜生产专业化、科技化和集约化的方向。在都江堰发展具有最新技术水平的工厂化育苗工程无疑具有显著的引领作用。通过孙桥园区与都江堰的合作可以把先进种子种苗技术注入当地农村，有利于优质蔬菜生产基地的建设。当地每年蔬菜苗需求量应该在1.5亿株以上。

五、水产市场

· 都江堰地区最大的优势在于整个区域水质好，水量大，生态环境优良，非常适合亚冷水鱼的生长。在都江堰地区的亚冷水鱼分布主要有雅鱼等三种，目前市场定位在30 ~ 40元/kg，由于水质、水量等优势，当地的生产成本在10元/kg左右，高产鱼塘每亩水面可产3 t，亩产值可达9万元左右，一般产量也可达到1 ~ 2 t。因此，亚冷水鱼的养殖非常具有成本优势和质量优势，市场空间很大。亚冷水鱼尤其适合作为加工鱼类，有较大的出口市场。如果能够带动周边农民发展亚冷水鱼的养殖产业，进而发展鱼类加工产业，预期会有很好的发展空间。

六、休闲农业市场

· 成都是“农家乐”旅游的发源地，是最早开展“农家乐”旅游活动的城市。都江堰是全国旅游城市，近年都江堰休闲农业发展迅速，如都江堰青城镇经国家旅游局验收合格，被授予首批“全国农业旅游示范点”称号，都江堰休闲农业对接上海可以扩大都江堰休闲农业的客源。

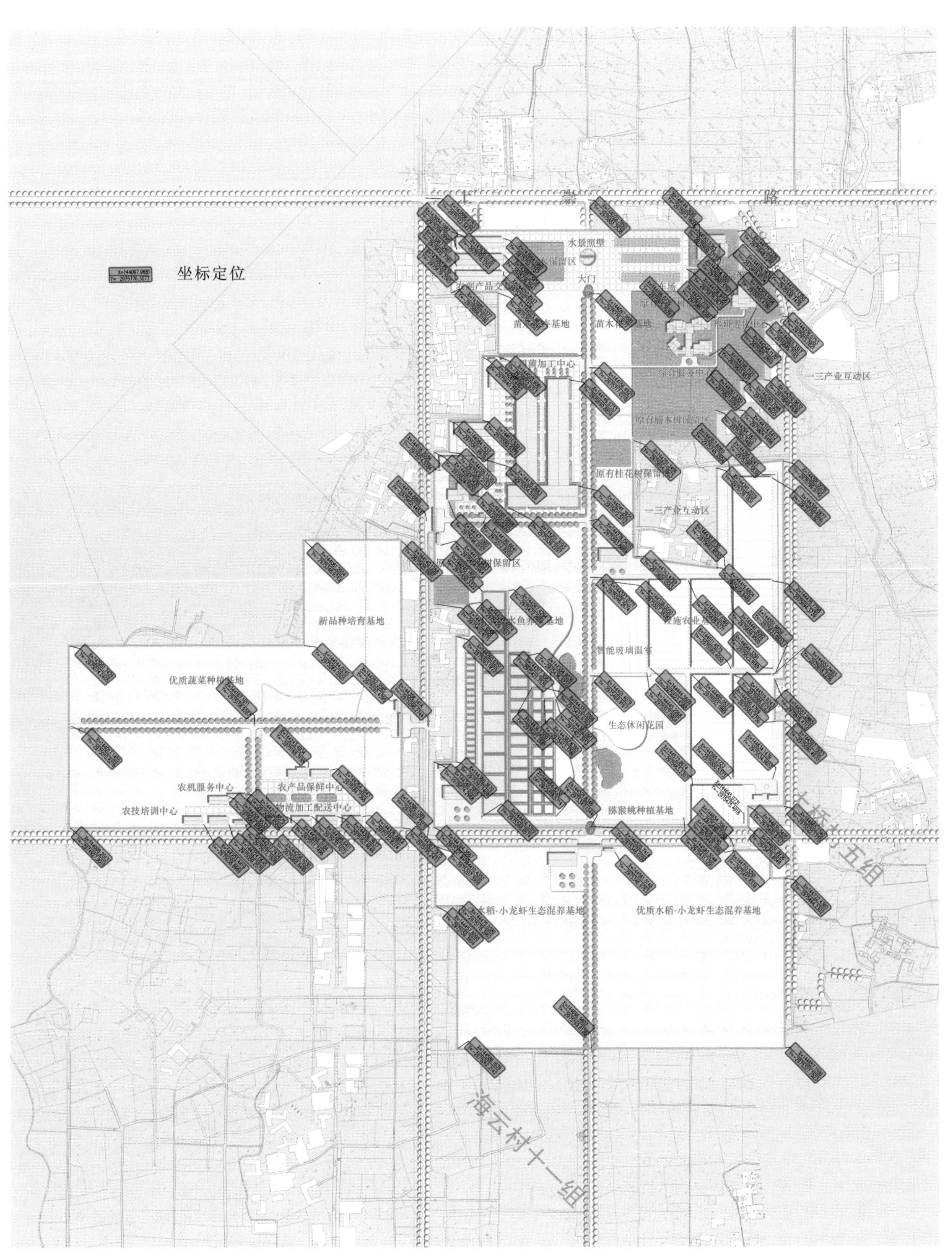
坐标定位
水景照壁
大门
苗木花卉基地
一三产业互动区
综合服务中心
原有桂花树保留区
新品种培育基地
优质蔬菜种植基地
设施农业基地
智能玻璃温室
生态休闲花园
农机服务中心
农产品保鲜中心
农技培训中心
物流加工配送中心
猕猴桃种植基地
优质水稻-小龙虾生态混养基地
海云村十一组

道路工程规划图

总体鸟瞰图一

总体鸟瞰图二

总体鸟瞰图三

都江堰现代农业科技示范园现场照片

在四川省汶川特大地震发生一周年之际的2009年5月11日，时任总书记胡锦涛和国务院副总理李克强考察了上海市人民政府推荐的援建项目——都江堰现代农业科技示范园。《人民日报》、《文汇报》、《解放日报》、《中国青年报》和《新华每日电讯》等国内主要媒体在2009年5月14日的头版头条刊发了党和国家领导人考察都江堰现代农业科技示范园的报道和照片。

后 记

2016年春节刚过，一项同百姓生活密切相关的国家城市规划指导政策颁布实施，那就是成文于2月6日并于2月22日见于报端的《中共中央国务院关于进一步加强城市规划建设管理工作的若干意见》（简称《若干意见》），这其中最引起热议的一段描述是“新建住宅要推广街区制，原则上不再建设封闭住宅小区。已建成的住宅小区和单位大院要逐步打开，实现内部道路公共化，解决交通路网布局问题，促进土地节约利用”。陡然间“拆围墙”的民间提法跃然纸上，各路人物在各类媒体上的各种评论也顷刻充满坊间，关于“拆围墙”的虚实真假和是非曲直似乎成为人们春节后上班伊始说谈的话语主题。大家表面上议论的是“拆围墙”，以及随之而来对隐私权和物权法的种种解读，其实从根本上民众议论的是我们未来的城市空间到底应该发展成什么样。百姓如此关注一项新政，对我们这个正在走向法治社会的中国政体而言绝对是一件喜事和乐事，也是福事和兴事，因为只有百姓参与了政策才能够落到实处。

《若干意见》的新政是时隔37年后于2015年12月20日至21日在北京举行的中央城市工作会议议题生根开花的结果，它既是创造当今时代人居空间的崭新命题，也是下一步城市规划如何编制的指导课题，更是国家层面对未来中国城市发展全局的战略立题。政策铿锵有力，意义非同寻常，内涵博大精深，措施大道至简，这项新政真切地需要我们积极思考，也迫切地需要我们认真地领会。如果我们把视线闪回《若干意见》发布前几天的2016年2月17日各大媒体报道头条，我们一定会为新发布的《关于全面推进政务公开工作的意见》而心潮起伏。这行政体系的政务公开和城市空间的拆除藩篱是否有必然的联系呢？答案十分肯定。打破固定的围墙苑囿，冲破固有的思维模式，这些改革举措在2016年新年开始就拉开了前行的序幕，这是顶层设计为城市新发展所吹响的进军号，更是为社会思想再跨越所点亮的指路明灯。“拆围墙”告诉我们拆掉的是有形的围墙，而政务公开更告诉我们要拆掉束缚我们进步的无形围墙，让阳光照进来，让思想再放飞，要大众多创业，要万众多创新。新春伊始来自中央的两个意见珠联璧合，承前启后，从有形和无形两个层面打开了围合百姓周围的重重隔阂，进一步唱响了“创新、协调、绿色、开放、共享”的社会发展主旋律。

在今天的百姓生活中，大家已经习惯了围合的空间形式，耳濡目染地多了自然也就习以为常了。走在我们城市的大街上，充斥眼帘的有太多的“围”的规划和范式，有围墙绵延的单位大院，从一家比一家隆重的大门建筑行人可以揣度出单位的级别和权重；有围墙封闭的居住小区，从围墙中透出的绿化人们可以估量出房价的高低，楼盘广告的抢眼点经常以“封闭小区”为自诩，所有这些划定从土地围合中的小环境来讲确实安全了和舒适了，“躲进小区成一统，管它冬夏与春秋”，但它也同时自我了和排他了，从土地的社会价值来讲它独断地限定了自然的公许，也就人为地滋生了损伤城市公共利益的隐患。密闭着的是显性的土地空间，而隔离着的或许就是人们公平地享受公共空间的权利，这或许就是《若干意见》对社会发展的深度考量。

在奔走各地忙碌规划设计的实践中，曾看到过诸多“围墙”的案例：某大型企业拥有着大规模的办公生活区，它大面积地占据了本就不大县域的一大片优质空间，围墙里是一派鲜花锦簇和绿树如茵，围墙外或许就是急需改造的城中村或者危棚简屋，超大的占地面积使城市道路系统在这里失去了应有的顺畅，也给未来的城市更新发展带来了极大阻碍，这样的围合犹若城市的“漂亮补丁”，规划者所有的城市再创造再努力都要想办法避开它，这或许就是现实中许许多多司空见惯般“生米煮成熟饭”的城市空间。作为城市规划者我们始终在思考这样的问题：既有的习以为常一定就是合规合理的吗？

回顾我们的社会发展历史，我们看到了太多的有形的和无形的“围墙”式桎梏，其实本没有墙，只是围的多了便也真的成了墙。封闭势必产生坐井观天，井中之蛙必然产生妄自尊大的思维惰性，堵塞了交流的公共空间就会失去思想碰撞的智慧火花。曾经的“围墙”式封闭思维带给我们的城市面貌就是紧绷的城市街道缺少喘息的开敞空间，所有的人和车都被挤压到仅有的马路上，起到毛细血管作用的疏散空间被一圈圈围墙所割裂，城市就像是得了高血压症的病人，气血瘀滞，活力殆尽。新政的若干意见恰似一剂激发城市动力的金针妙药，在国家全面治理的综合改革向纵深发展和人民生活水平在逐步提高的当下，能够切理会心并及时准确地推出新政，可谓是高瞻远瞩和高屋建瓴，这必将为我们的城市发展带来全新的愿景。其实应该没有墙，只有真的细化落实便也真的没有了墙。

世界城市发展史上两个重要的宪章指导着当今世界城市的规划发展，一是1933年国际现代建筑协会（CIAM）彰示的雅典宪章，二是1977年国际现代建筑协会秘鲁利马会议发布的《马丘比丘宪章》。其中《马丘比丘宪章》倡导社会文化论，认为物质空间只是影响城市生活的一项变量，而起决定作用的应该是城市中的各类群体、社会交往模式和政治结构，其颁布的根本目标是期冀城市功能单元能够重新有机地统一起来，并注重它们之间的相互依赖性和关联性。“拆围墙”的现实意义正是对《马丘比丘宪章》的最佳诠释。

纵观西方城市空间和建筑空间的发展现实，我们可以看到许多的开放空间案列，公和私的空间利益平衡得法得体，百姓可以自由地享受城市空间的畅通和开阔。例如位于著名伦敦塔桥旁边的伦敦市政厅建筑并没有我们政府办公楼用围墙一圈形成一个政府大院式的规划，而是将建筑直接置于城市空间中，没有围墙没有大门，市民可以随意抚摸心中的城市圣殿。市政厅大楼的一层和二层完全对社会开放，地下一层的下沉广场更是市民品茶聚会的开放空间，建筑和民众完全融为一体，开放的是空间和思想，拉近的则是政府和市民的距离。更为精彩的是任何人都可以旁听市政厅的议事会议，会议主题、参加主体和讨论进程，所有的一切通过入口免费发放的资料随意索取，一切完全公开透明。有旁听意愿者只需在一楼经过安检程序，拿着会议程序文件走上三楼，在玻璃围绕的会场外静听即可，随时了解发言者的观点，政务公开做到了极致。

把私密空间退缩到最该私密的地方，而把公共空间放大到应该放大的极限，这才是新政意见主题思想的精神所在。公共空间做加法同时把私人或集体组织空间做减法是政策通体的大方略和总目标，在这一点上我们的城市的确还有很长的路要走。记得改革开放初期我们有过“破墙开店”的城市发展阶段，无商不富的理念促进了当时的社会发展，那是伴随着改革开发洪流的一次思想解放，从今天社会的累累硕果我们已经看到了二十多年前那场思想解放的深远意义。今天的“拆墙拓空”像曾经的“破墙开店”一样，同样具有划时代的现实意义和深远的历史意义。从已有城市空间的“拆围墙”做起，从新建城市空间的窄马路密路网做起，彻底杜绝曾经的新官上任头把火就是“拓宽马路”的落后和狭隘的城市建设思维，给我们的城市创造更加科学、更加宜人、更加合理和更加开放的空间形态，让城市规划飞起来。

规划设计是比较容易被评头论足的一项社会活动，无论是城市还是村镇其设计成果存在于每一个公民的身边，看得见，摸得着，所有的建言都是人之常情和理之常规，更何况城市规划工作的落地和夯实还需要公众的全程参与和共同建设。对规划师而言首先需要拿出经得起专家评审的规划设计，继而需要将其呈现于社会接受公众的评议，最后还需要将其总结归纳形成理论加实践的案例留待历史的检验，城市规划工作的确是一项责任重大和压力巨大的知识劳动。在国务院城市规划《若干意见》颁布之际，我们奉献上公司创立8年来在城市规划领域的探索和实践案例，希望能够让同行挑肥拣瘦，让公众评头品足，让历史锤炼检验，让未来之乎者也。如有预见性地切中《若干意见》实质的请给予我们热烈的点赞；如有前瞻性不足的地方我们也会诚恳地接受批评并引以为鉴和举一反三。

在2013年出版了《筑道——吕维锋论文集》之后，我就着手开始考虑本书的框架和章节，2015年出版了《绘道——吕维锋手绘施工图集》之后，整理本集内容的工作就马不停蹄地展开了，梳理多年的项目资料并汇集成册真是一项复杂和庞大的案头工作。感谢公司同事吴佳颖和刘洋多年来在规划设计项目上付出了辛勤的工作，他们在电脑上一贯清晰有序的档案归类使本书的编排工作能够井然有序地开展。特别感谢刘洋的资料组织和排版编辑，为本书初稿的形成奠定了良好的基础。在此也对在不同时间阶段参与公司规划设计工作的所有小伙伴们表示衷心感谢！

每一年都是人生的一道风景！看过、走过、画过和听过了，乃至思考过、领悟过、畅想过和努力过了，这风景就是你的，它会春风荡漾般永驻心窝。人生就是一种在路上，规划之路乃规道也——On the way，只有起点没有终点，簇拥般地走过了，这人生就是你的大写。

吕维锋

2017年2月18日（农历正月二十二）
于上海同济联合广场

规道

吕维锋规划设计探索与实践

附 录

1

中英词汇对照

01. 状 Site
02. 意 Connotation
03. 释 Interpretation
04. 文 Text
05. 案 Scheme
06. 局 Plan
07. 额 Quota
08. 面 Facade
09. 构 Structure
10. 通 Connection
11. 地 Land
12. 能 Function
13. 视 Vision
14. 项 Project
15. 产 Industry
16. 层 Layer
17. 质 Quality
18. 技 Technology
19. 肌 Texture
20. 研 Research
21. 境 Environment
22. 素 Element
23. 域 Region
24. 界 Boundary
25. 期 Phase
26. 景 Landscape
27. 势 Trend
28. 留 Protection
29. 高 Height
30. 策 Strategy
31. 详 Details
32. 基 Basis
33. 拔 Elevation
34. 光 Lighting
35. 成 Achievement
36. 析 Analysis
37. 彩 Colour
38. 际 Skyline
39. 模 Model
40. 语 Language
41. 务 Service
42. 市 Marketing

附 录

2 吕维锋演讲活动一览

（2015—2016 年）

1. StreetMall
内容：从商业建筑到购物中心
主办：同济大学规划设计研究院
时间：2015 年 4 月 28 日

2. 成功能够管理
内容：将项目管理的理念应用到职业生涯管理
主办：贵州工程应用技术学院
时间：2015 年 10 月 20 日

3. 建筑柔化
内容：阐述建筑创作思维和介绍建筑设计作品
主办：贵州毕节市建筑设计研究院
时间：2015 年 10 月 21 日

4. 城市和建筑（一）
内容：哈尔滨的城市规划和建筑艺术研析
主办：哈尔滨广播电台 FM976 频道
时间：2015 年 10 月 31 日

5. 建筑柔化
内容：阐述建筑创作思维和介绍建筑设计作品
主办：吉林建筑大学
时间：2015 年 11 月 5 日

6. 成功能够管理
内容：设计院转型发展背景下的项目全过程管理
主办：吉林建筑大学建筑设计研究院
时间：2015 年 11 月 6 日

7. 百年的城市史 · 世界的哈尔滨
内容：哈尔滨在世界城市规划史上的地位
主办：黑龙江省委宣传部《龙江讲坛》第 432 期
时间：2015 年 11 月 28 日

8. 城市和建筑（二）
内容：哈尔滨的城市规划和建筑艺术研析
主办：哈尔滨广播电台 FM976 频道
时间：2015 年 11 月 29 日

2015 年 11 月 28 日为第 432 期《龙江讲坛》举办题为“百年的城市史 · 世界的哈尔滨”的城市主题讲座

2015 年 10 月 31 日参加哈尔滨广播电台 FM976 频道对话节目

2015 年 11 月 5 日为吉林建筑大学建筑学专业学生评图

2016 年 1 月 30 日于“2016 中国亚布力冰雪产业发展国际高峰论坛”发表题为“冰雪旅游规划与建筑艺术”的主题演讲

2015 年 11 月 5 日为吉林建筑大学师生举办“建筑柔化”的学术报告

9. 走进项目管理
内容：项目管理基本概念和案例分析
主办：MIX 铭筑联合
时间：2016 年 1 月 22 日

10. 冰雪旅游规划与建筑艺术
内容：冰雪旅游项目规划与建筑设计研析
主办：2016 中国亚布力冰雪产业发展国际高峰论坛
时间：2016 年 1 月 30 日

11. 以项目管理科学引领哈尔滨建设发展
内容：项目管理科学国际解读和中国实践
主办：哈尔滨市城乡建设委员会
时间：2016 年 3 月 5 日

12. 无界
内容：东南亚生态建筑研析
主办：IEED 国际生态环境设计联盟
时间：2016 年 4 月 8 日

13. West Meets China in Architecture
内容：中西方建筑艺术比较研析
主办：Kambala School, Australia
时间：2016 年 4 月 13 日

14. 项目管理软件应用
内容：Project97 应用实务
主办：哈尔滨市西部地区综合开发办公室
时间：2016 年 5 月 4 日

15. 以项目管理科学引领哈西建设发展
内容：项目管理国际展望和哈尔滨实践
主办：哈尔滨市西部地区综合开发办公室
时间：2016 年 5 月 6 日

16. 道里区空间发展战略思考
内容：区域空间格局和城市规划
主办：哈尔滨市道里区人民政府
时间：2016 年 8 月 9 日

17. 成功能够管理
内容：以项目管理科学引领企业发展
主办：哈尔滨市乐辰科技有限责任公司
时间：2016 年 8 月 11 日

18. 主题公园规划设计和项目管理
内容：主题公园的规划设计与经营管理
主办：江苏金刚文化科技集团股份有限公司
时间：2016 年 10 月 25 日

2016 年 3 月 5 日为哈尔滨市城乡建设委员会举办“以项目管理科学引领哈尔滨建设发展”学术报告

2015 年 11 月 5 日向吉林建筑大学图书馆赠送著作《筑道——吕维锋论文集》和《绘道——吕维锋手绘施工图集》

2016 年 10 月 15 日参加 ZEB 设计举办的“ZEB CEREMONY 十月设计论坛”

2016 年 12 月 17 日在“2016 中国伊春冰雪旅游产业国际峰会”上发表题为“冰雪景区建筑形象的景观性开发”的演讲

19. 冰雪景区建筑形象的景观性开发

内容：冰雪景区规划和冰雪建筑艺术

主办：2016 中国伊春冰雪旅游产业国际峰会

时间：2016 年 12 月 17 日

20. 把全域冰雪理念贯穿始终

内容：强化冰雪项目全过程管理，把全民冰雪活动推向深入

主办：黑龙江省委宣传部“挖掘冰雪资源 · 弘扬冰雪文化”座谈会

时间：2016 年 12 月 19 日

21. 冰雪建筑艺术

内容：冰雪资源特征和冰雪建筑艺术

主办：黑龙江大学

时间：2016 年 12 月 20 日

2016 年 12 月 20 日在黑龙江大学举办学术讲座同时向黑龙江大学图书馆赠送著作《筑道——吕维锋论文集》和《绘道——吕维锋手绘施工图集》并接受收藏证书

2016 年 12 月 16 日在“2016 中国伊春冰雪旅游产业国际峰会”上主持“全域旅游和社区发展”板块和主题为“迎接全域旅游新时代”的嘉宾互动活动

附 录

吕维锋作品分布图

（截至2016年底）

非洲设计项目

东南亚设计项目

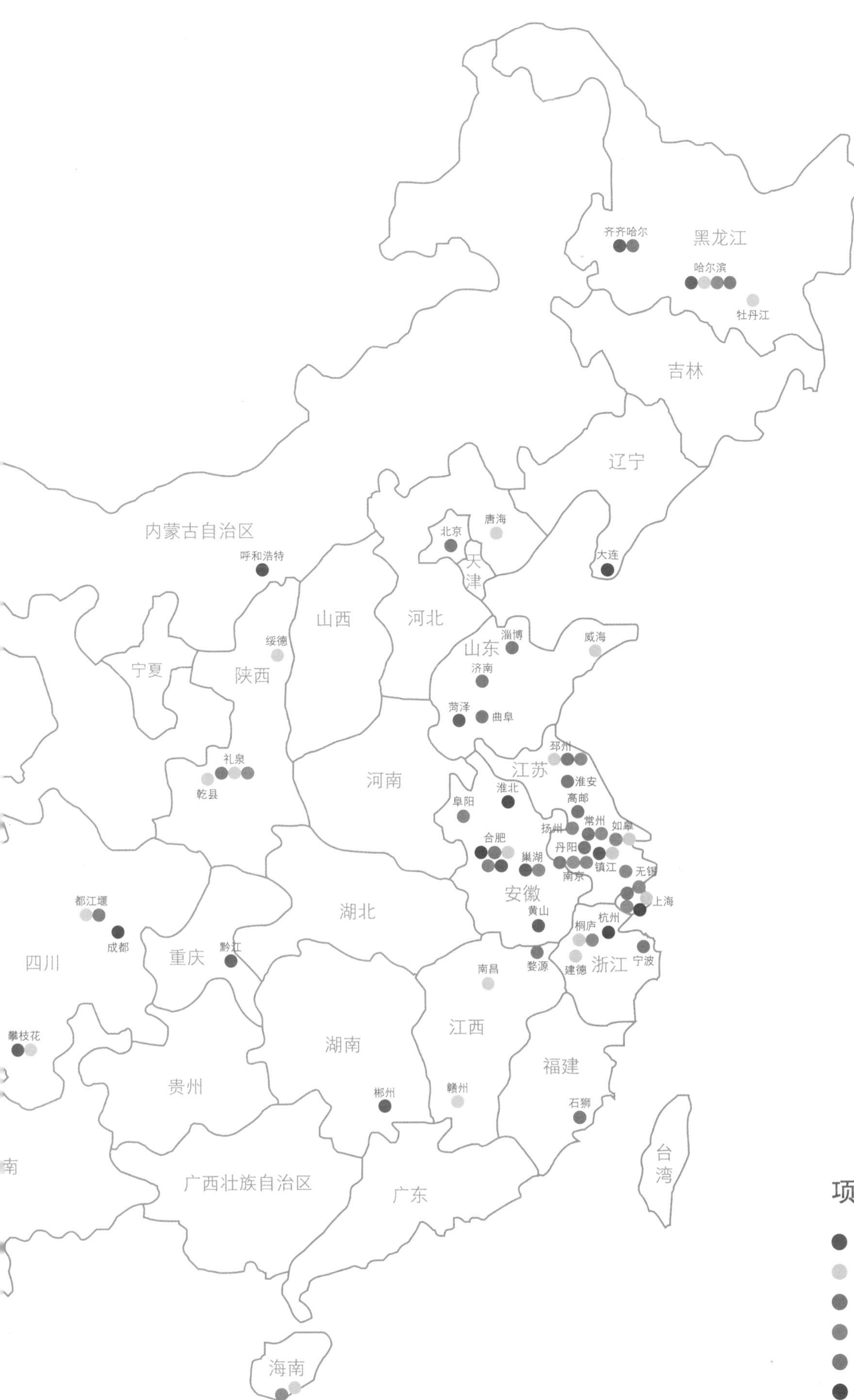

项目类别

- 战略策划
- 城市规划
- 建筑设计
- 景观设计
- 室内设计
- 项目管理

吕维锋出版物一览

一、著作

1.《筑道——吕维锋论文集》，上海科学技术出版社，2013.

2.《绘道——吕维锋手绘施工图集》，同济大学出版社，2015.

二、论文

1.“黑龙江冰雪旅游产业发展的思考”，《哈尔滨政协》2017 年 4 月，总第 89 期：32–33.

2.“延寿县老城初考”，《哈尔滨史志》2017 年第 2 期，总第 83 期：11–14.

3.“时尚之巅 · 商业之母——浅谈英国曼彻斯特安黛尔购物中心”，《上海购物中心》2015 年 6 月，总 26 期：43–45.

4.“街区的和声——美国休斯顿 GreenStreet 城市综合体案例研究”，《上海购物中心》2015 年 2 月，总 25 期：43–45.

5.“关中古城新生六部曲”，《地产评论》2015 年 1 月刊，总第 50 期：67–69.

6.“古都商业 · 现代演绎——邳州市吴闸商业中心建筑艺术解读”，《上海购物中心》2014 年 11 月，总 24 期：42–43.

7.“园林已是花天气”，《园林》2014 年 10 月，总第 270 期：136–137.

8.“静谧的喧嚣——记美国丹佛 Pavilion 购物中心”，《上海购物中心》2014 年 6 月，总 22 期：25–26.

9.“从现金为王到物业为本”，《地产评论》2014 年 3 月刊，总第 49 期：45–46.

10.“商业中心与城市广场”，《上海购物中心》2013 年 12 月，总 21 期：43–45.

11.“得画圣之灵 · 筑大师之园”，《园林》2013 年 11 月，总第 259 期：48–50.

12.“三层透视 Street Mall”，《地产评论》2013 年 9 月刊，总第 48 期：104–105.

13.“项目动机管理 3D 模型建构”，《项目管理技术》2013 年 8 月，总第 103 期（第 10 卷第 1 期）：55–59.

14.“静谧的张扬——圣地亚哥 Horto Plaza 购物中心评析”，《上海购物中心》2013 年 6 月：21–22.

15.“筑农业之路 · 道休闲之情”，《园林》2013 年 5 月，总第 253 期：12–15.

16.“创新引领的景观设计”，《园林》2013 年 4 月，总第 252 期：16–19.

17.“购物中心也疯狂——记拉斯维加斯的 Crystals 购物中心”，《上海购物中心》2012 年 12 月：39–41.

18.“需求决定专业市场，存在构建商业层面”，《理想空间》2012 年 8 月，总第 52 期：108–109，同济大学出版社 .

19.“泰国曼谷市核心区购物中心赏评”，《上海购物中心》2012 年 6 月，总 16 期：44–46.

20.“项目策划引领城市美化”，《理想空间》2012 年 6 月，总第 51 期：118–122，同济大学出版社 .

21.“聚 Mall 成市”，《地产评论》2012 年 6 月刊，总第 44 期：112–113.

22.“项目管理领导力 3D 模型建构”，《项目管理技术》2012 年 1 月，总第 103 期（第 10 卷第 1 期）：33–37.

23.“Wexner 的解构与重构”，《地产评论》2011 年 8 月刊，总第 40 期：122–123.
24.“StreetMall”，《上海购物中心》2011 年 7 月：32–33.
25.“工程项目验收管理研究”，《项目管理技术》2011 年 3 月，总第 93 期（第 9 卷第 3 期）：66–70.
26.“商业名词”，《地产评论》2011 年 3 月刊，总第 38 期：120–121.
27.“神马商业名词 · 给力价值最真”，《上海购物中心》2011 年 3 月：33–35.
28.“工程项目前施工阶段要素探究”，《项目管理技术》2010 年 10 月，总第 88 期（第 8 卷第 10 期）：31–35.
29.“工程项目管理战略规划阶段要素探究”，《项目管理技术》2010 年 5 月，总第 83 期（第 8 卷第 5 期）：77–82.
30.“英国工程项目管理体系探究”，《项目管理技术》2009 年 10 月，总第 76 期（第 7 卷第 10 期）：82–87.
31.“项目设计阶段的全面质量管理”，《项目管理技术》2009 年 4 月，总第 70 期（第 7 卷第 4 期）：60–64.
32.“生长的建筑”，《时代建筑》1995 年 2 月，总第 35 期：36–39.
33.“旅游旅馆客房单元空间尺度初探”，《未来建筑师》1989 年第 9 期：36–40.

规道

吕维锋规划设计探索与实践

附录

5

吕维锋作品展一览

1. 吕维锋设计作品3D建筑纸模展

主办：第十三届（深圳）国际文化产业博览交易会

时间：2017年5月11日—5月15日

地点：深圳会展中心

地址：深圳市福田区福华三路111号

2. 乡道——吕维锋哈尔滨历史建筑钢笔速写展

时间：2017年1月20日开幕

地点：哈尔滨南岗博物馆

地址：哈尔滨市南岗区联发街1号

深圳文博会“吕维锋设计作品3D建筑纸模展”

哈尔滨南岗博物馆“乡道——吕维锋哈尔滨历史建筑钢笔速写展”

3. 乡道——吕维锋哈尔滨历史建筑钢笔速写展

时间：2016 年 9 月 28 日—10 月 10 日

地点：黑龙江省图书馆

地址：哈尔滨市南岗区长江路 218 号

4.“筑道——吕维锋建筑艺术设计展”中国巡回展哈尔滨站

时间：2015 年 10 月 29 日开幕

地点：哈尔滨南岗博物馆

地址：哈尔滨市南岗区联发街 1 号

黑龙江省图书馆“乡道——吕维锋哈尔滨历史建筑钢笔速写展”

哈尔滨南岗博物馆“筑道——吕维锋建筑艺术设计展”

5.“筑道——吕维锋建筑艺术设计展”中国巡回展攀枝花站

时间：2014 年 12 月 9 日开幕

地点：攀枝花学院图书馆

地址：四川省攀枝花市东区机场路 10 号

6.“筑道——吕维锋建筑艺术设计展”中国巡回展上海站

时间：2014 年 5 月 18 日开幕

地点：陆汉斌打字机博物馆

地址：上海市长宁区延安西路 719 号 7 楼

攀枝花“筑道——吕维锋建筑艺术设计展”

上海“筑道——吕维锋建筑艺术设计展”

图书在版编目（CIP）数据

规道：吕维锋规划设计探索与实践 / 吕维锋著 . -- 上海：同济大学出版社，2017.10

ISBN 978-7-5608-7421-0

Ⅰ. ①规… Ⅱ. ①吕… Ⅲ. ①城市规划 - 建筑设计 - 作品集 - 中国 - 现代 Ⅳ. ① TU984.2

中国版本图书馆 CIP 数据核字（2017）第 234618 号

规道——吕维锋规划设计探索与实践

吕维锋　著

出 品 人　华春荣
责任编辑　胡　毅
责任校对　徐春莲
装帧设计　房惠平
装帧制作　李　政

出版发行　同济大学出版社　　www.tongjipress.com.cn
（地址：上海市四平路 1239 号　邮编：200092　电话：021-65985622）
经　　销　全国各地新华书店
印　　刷　上海丽佳制版印刷有限公司
开　　本　889mm × 1 194mm　1/16
印　　张　16
字　　数　512 000
版　　次　2017 年 10 月第 1 版　2017 年 10 月第 1 次印刷
书　　号　ISBN 978-7-5608-7421-0
定　　价　168.00 元